육아에서 가장 중요한 것만 남기는 힘

하지 않는 육아

육아에서 가장 중요한 것만 남기는 힘

하지 않는 육아

다카하마 마사노부 지음 | 김경은 옮김

카시오페아
Cassiopeia

"육아는 열심히 할 필요가 없다.
그 이유는 무엇일까?
육아는 '잘해야지' 하는 결심이 통하지 않는
세계이기 때문이다.
엄마가 너무 열심히 하지 않아도
아이는 기본적으로 알아서 잘 자란다."

본인과 가족, 집안일, 회사일 등 수많은 일을 떠안고 있으면서도 사랑하는 아이를 위해 해주고 싶은 게 너무나도 많은 엄마. 그리고 해주고 싶은 것의 절반도 해주지 못한다고 고민하는 엄마. 그런 엄마들의 마음을 조금이나마 편하게 해주고 싶다는 생각을 이 책에 담았다.

아이에게 뭔가를 해주고 싶다는 엄마의 마음은 충분히 이해가 간다. 하지만 해줄 수 없다고 자책할 필요는 없다. 오히려 무슨 일이든 부모가 해주면 아이는 성장하지 못한다. 그래서 이 책에서는 엄마가 '하지 않는' 선택을 함으로써 발전시킬 수 있는 아이의 능력에 중점을 두었다. 그리고 부모가 해야 할 행동에 관해서도 언급했는데, 지금까지와는 관점을 달리한다는 의미로 참고하면 좋겠다.

엄마들이 아이를 키우면서 이 책에서 제시한 '하지 않아야 할 행동'을 하지 않음으로써 시간적 부담이나 마음껏 해주지 못한다는 자책감에서 벗어났으면 하는 바람이다. 그렇게 엄마의 마음이 가벼워지고 웃는 일이 많아지면 그 웃음의 힘은 반드시 아이에게 전해진다. 웃는 얼굴이 예쁜 아이는 매력적으로 자라고 앞으로 혼자 힘으로 씩씩하게 살아갈 것이다.

하지만 이 책의 내용을 엄마가 어떻게 받아들이느냐에 따라 '하지 않아야 할 행동'='해서는 안 될 행동'이 될 수도 있다. 예를 들어 '집중해서 노는 아이를 방해하지 않기'라는 항목이 나오는데, 예전에 어떤 엄마에게 이 이야기를 했더니 이렇게 반응했다.

"집중해서 노는 아이를 방해하면 안 되는군요. 알겠습니다. 그런데 선생님, 나쁜 습관은 그냥 넘어가지 말라고 하셨잖아요? 밤에 잘 시간이 되어도 집중해서 노는 경우에는 제지하지 말아야 하나요? 아니면 빨리 자라고 해야 하나요? 해도 되는 일과 해서는 안 되는 일을 잘 구별하지 못하겠어요."

이것이 한창 아이를 키우는 엄마의 본심일 것이다. 육아를 하다 보면 모순을 느끼는 경우가 많은데, 그럴 때 진지하고 착실한 엄마는 고민한다. 고민하는 것은 괴롭다. 괴로우면 마음의 여유가 없어지고 결과적으로 아이에게 말을 할 때도 날카로워진다.

중요한 점은 어떤 일이든 유연하게 받아들이는 자세이다. 절대로 양보할 수 없는 기준에서 벗어나지만 않는다면 '오늘은 집중해서 놀고 있으니 조금 늦게 자도 되지 뭐. 내일 일찍 일어날지도 모르고'라며 근거는 없더라도 낙관적으로 생각하고 아이를 따뜻하게 지켜보는 정도가 좋지 않을까? 아이는 엄마의 따뜻하고 안정된 시선을 받으며 성장한다.

아이에게 많이 해주어야 한다는 선입관을 버리고 엄마가 하지 않으면 오히려 발전되는 능력도 있다는 점에 눈을 돌려보자.

'하지 않아야 할 행동'이 '해서는 안 될 행동'이 되어버리면 그것은 그것대로 또 괴로우니 항상 유연하게 대처하자. 육아에 '이렇게 해야 한다'는 정답은 없다.

엄마가 매일매일 웃는 것이 아이가 발전할 수 있는 최고의 비결이다.

다카하마 마사노부

차례

프롤로그 ·· 6

1장 비교하지 않기

다른 아이와 비교하지 않기 ······························· 17

금방 잘하기를 바라지 않기 ······························· 21

평균과 비교하지 않기 ·· 24

부모끼리 비교하지 않기 ······································ 28

남편을 비교하지 않기 ·· 31

2장 육아에 정답이나 이상을 바라지 않기

너무 열심히 하지 않기 ······································· 37

육아의 정답을 찾지 않기 ···································· 42

집중해서 노는 아이를 방해하지 않기 ················· 45

조건부 사랑을 보여주지 않기 ····························· 48

착한 아이가 되기를 강요하지 않기 ····················· 52

성적을 중시하지 않기 ··· 54

엄마가 하지 않는 일을 아이에게 요구하지 않기 ········· 58

혼자 감당하지 않기 ··· 60

아이의 미래를 기대하지 않기 ································· 63

3장 과도하게 간섭하지 않기

지나치게 걱정하지 않기 ··· 69

아이의 선생님이 되지 않기 ·· 73

힘들어하는 일을 막지 않기 ·· 76

따돌림이나 싸움 문제를 크게 벌이지 않기 ················· 81

앞서가지 않기 ·· 85

4장 아이라는 존재를 무시하지 않기

칭찬에 인색하지 않기 ·· 91

배려하는 칭찬은 하지 않기 ······································· 94

아이의 의욕을 꺾지 않기 ·· 98

어린아이 취급하지 않기 ··· 101

아이에게 다른 아이의 험담을 하지 않기 ················ 104

주저리주저리 혼내지 않기 ··· 106

운동 콤플렉스를 우습게 여기지 않기 ······················ 108

5장 육아 환경을 소홀히 하지 않기

정보통에 흔들리지 않기 ··· 115

인터넷 정보를 맹신하지 않기 ···································· 117

불분명한 표현은 사용하지 않기 ······························· 120

편리한 도구를 너무 많이 주지 않기 ························· 123

친구 같은 부모가 되지 않기 ······································ 126

모르는 문제를 그대로 두지 않기 ·················· 130

무턱대고 사주지 않기··························· 132

아이의 방에서 공부시키지 않기 ··············· 135

남편과의 대화를 포기하지 않기 ··············· 138

부정적인 말을 입버릇처럼 하지 않기 ·············· 141

6장 남자아이를 이해하려고 하지 않기

아이에게 점잖은 태도를 바라지 않기 ·············· 147

산만한 태도를 걱정하지 않기················· 150

관여할 수 없는 부분에는 무리해서 간섭하지 않기 ······ 155

남자아이를 이해하려고 하지 않기················· 158

아이에게 집착하지 않기··················· 161

1장

비교하지 않기

다른 아이와 비교하지 않기

시중에 나온 육아 서적을 보면 십중팔구 '다른 아이와 비교하면 안 된다'는 구절이 나온다. 왜 이런 말이 자주 언급될까? 뒤집어 생각해보면 사람은 항상 누군가와 비교를 하기 때문이다. 특히 엄마는 자나 깨나 아이에 대한 생각뿐이어서 아무래도 내 아이와 주위 아이들을 쉽게 비교하기 마련이다. 그렇다고 '다른 아이와 비교하면 안 된다'는 육아서의 내용을 곧이곧대로 받아들여 "비교하면 안 돼, 비교하지 말자!" 하고 되뇌면서 아이를 키운다면 그것 또한 힘들다.

만약 같은 아파트에 아이와 같은 반 친구가 산다면 비극이 시작된다. "○○가 훨씬 어른스럽구나", "○○는 운동을 잘하네"라며 무의식적으로 내 아이와 다른 아이를 비교해버린다.

하지만 그럴 때 '어머, 다른 아이와 비교하다니 난 정말 나쁜 엄마야'라고 자책하지 않아도 된다.

비교하고 싶은 마음은 불안과 함께 자연스럽게 생겨나는 감정이다. 이 사실만 알아두어도 한결 마음이 가벼워질 것이다.

그렇다고 해서 아이를 키울 때 비교하라는 뜻은 절대로 아니다. 엄마는 비교해버린 마음과 비교한 결과를 아이에게 말로 내뱉지 않도록 조심해야 한다. 말로는 하지 않아도 눈빛으로 전해질 수도 있기 때문에 그 점도 주의해야 한다.

예를 들어 남매가 있다면, 누나가 가장 듣기 괴로운 말은 "남동생이 더 예쁘네"이다. 둘째가 너무나도 귀여운 나머지, 아무 생각 없이 첫째가 듣는 데서 그런 말을 한 적은 없는지 생각해보자. 엄마가 나쁜 의도로 한 말은 아니지만 첫째는 큰 상처를 받는다. 또 말로 표현하지 않아도 '우리 둘째는 뭘 해도 예뻐'라는 엄마의 사랑스러운 시선을 첫째는 민감하게 알아차린다.

교실에 있는지 없는지 존재감 없이 구석에 앉아 있는 초등학교 3학년 A 양이 있었다.

"무슨 일 있어?"

"아니요, 그냥 아무것도 하고 싶지 않아요."

순간 '사춘기 반항이 시작되었나?' 하고 생각했지만 그 표정은 어딘지 모르게 쓸쓸해 보였다. 아이의 말과 행동에는 반드시 이유가 있는 법. 그날 밤, 나는 A 양의 엄마에게 전화를 걸었고 그 원인을 조금씩 알게 되었다.

평일에 A 양의 엄마는 저녁 6시까지 일을 했다. 퇴근할 때 어린이집에 들러 네 살짜리 동생을 데리고 와서는 씻기고 챙기고 집안일도 하며 매일같이 바빴다. 그러다 보니 A 양에게 할애하는 시간은 거의 없었고 'A는 다 컸으니까 알아서 하겠지'라는 생각으로 대했다고 한다. 그런 일상 속에서 A 양의 채워지지 않는 마음이 '아무것도 하고 싶지 않다'는 말로 표현되었다고 생각했다.

그래서 A 양의 엄마와 해결책을 모색했다. 어린아이는 아니지만 A 양도 당연히 엄마의 사랑을 느끼고 싶고 엄마에게 인정받고 싶을 것이다. 그 사실을 깨달은 엄마는 사소한 일이라도 대화를 나누겠다고 결심했다. 그로부터 일주일 후, A 양은 딴사람이 된 것처럼 밝고 명랑한 표정으로 교실에 들어서 수업에도 즐겁게 참여했다. 스스로 나서 발표도 했다. 엄마의 사랑과 인정은 아이에게 모든 일의 원동력이 된다는 사실을 알게 된 사례였다.

비교하지 않는 것은 매우 어려운 일이다. 그렇다고 비교해도 된다는 뜻 또한 아니다. 만약 저도 모르게 마음속에서 비교해 버렸더라도 말이나 눈빛으로 표현하지 않는 것이 중요하다.

✱ 형제자매와 비교해서 "○○가 훨씬……"이라는 말을 내뱉지 않는다.

✱ 같은 반 친구와 비교해서 "○○랑 △△는 잘하던데……"라며 조급해하 지 않는다.

✱ 비교하는 것은 당연하다. 비교하지 말자고 스스로를 몰아세우지 않는다.

금방 잘하기를 바라지 않기

초보 엄마가 자주 하는 실수가 아이가 무엇을 배우면 금방 잘하기를 바란다는 점이다. 예를 들어 유치원에서 생일 카드를 받았을 때, 글씨를 잘 쓰는 아이가 있으면 '우리 아이는 아직 글씨를 잘 못 쓰는데……. 좀 있으면 초등학생이니 얼른 연습시켜야겠어!' 하고 사명감에 불타올라 아이를 재촉한다. "'라'는 이렇게 쓴다고 했잖아!"라고 목소리가 점점 높아진다. 그 결과, 아이는 앞으로의 가능성을 무시당하고 글씨 쓰기의 즐거움을 빼앗긴 채 글자라면 진저리를 친다. 영어나 피아노도 마찬가지이다. 잘하는 친구들을 보면 엄마는 안달이 나서 아이를 닦달한다. 대부분의 아이가 잘 못해도 한 명이 잘하면 '우리 아이는 잘 못해'라며 걱정한다.

걱정이 되더라도 목구멍까지 올라오는 말을 꾹 참고 아이가 두각을 나타낼 수 있는 타이밍을 기다리는 것이 중요하다. 아이들은 각자 발달 단계가 다르다. 이해하기 쉬운 예가 바로 독서인데, 초등학교 저학년까지는 여자아이들이 압도적으로 유리하다. 그 시기의 남자아이들은 개인차가 있지만 뛰어다니고 날아다니는 것에 열을 올린다. 조용히 앉아서 책을 읽는 여자아이들의 어른스러운 모습을 보며 아들을 둔 엄마는 "우리 아이는 왜 저러지 못할까?" 하고 불안해한다.

하지만 그렇게 마음을 졸일 필요가 없다. 같은 아파트에 책을 읽고 질문하는 것을 좋아하는 아이와 거기에 전혀 흥미가 없는 아이가 있다고 치자. 그 아이들이 중학교 3학년이 되어 학력 차가 있느냐고 묻는다면? 전혀 없다. 실제로 그렇다. 남자아이들은 특히 가만히 있지 못하고 독서보다 뛰어다니고 날아다니는 것을 더 좋아한다. 멀리 보면 그런 남자아이들에게 의대에 갈 재능이 있을지도 모를 일이다. 놀이를 하며 사고력 부분에서 가장 어려운 공간 지각력을 기르기도 하기 때문이다.

엄마는 아이와 가장 가까이 있기 때문에 아이의 먼 미래는 잘 보지 못할 수도 있다. 그래서 눈앞의 결과만 좇고 아이가 가진 가능성의 싹을 뭉개버린다. 그리고 그 사실을 전혀 알아차리지 못한다. 그러면 아이는 '어쨌든 잘하기만 하면 되지 뭐'라고 생각하고 진정한 학습의 즐거움을 모른 채 커간다. 아이를 키울 때는 반드시 15년, 18년 후를 내다보자.

* '우리 아이는 잘 못해'라고 걱정하지 않는다. 아이가 발전할 타이밍을 기다린다.
* 지금 당장의 결과는 신경 쓰지 않는다. 우리 아이가 어떤 어른이 되면 좋겠는지 상상하고 지켜본다.

평균과 비교하지 않기

아이를 일반적인 평균과 비교하는 것도 엄마들이 자주 하는 행동 중 하나이다. '굉장히 잘하지도 않고 그렇다고 아주 못하지도 않아. 그럼 우리 아이는 잘하는 편일까? 아니면 못하는 편일까?' 많은 부모는 평균치가 있으면 그것을 기준으로 생각하곤 한다.

예를 들어 이런 경우도 있다. 학원 여름 특강 때 평소와는 달리 수강 여부를 선택할 수 있는 과목이 있어서 상담을 하고 있자면 확실히 결정을 하지 못하는 엄마들은 대부분 이렇게 묻는다.

"다른 아이들은 수강하나요?"

"매년 대부분 수강합니다."

"그럼 저희도 할게요."

수강 여부의 기준이 학습 내용이 아니라 '다른 사람들은 어떻게 결정했는지'인 점은 엄마의 특성이라고도 할 수 있다.

이렇게 대세를 따르고 싶어 하는 심리를 남자들은 잘 모른다. 나는 이런 부분에서 부부의 의미가 있다고 본다. 다양한 관계 속에서 관점이 여러 가지면 아이에게 어떤 문제가 생겨도 한쪽으로 쏠리지 않고 해결할 수 있다. '엄마는 대세에 따라 행동하곤 한다'는 점을 부모가 알아두기만 해도 대응책을 세울 수 있다.

엄마 스스로 본인이 다른 사람들의 말에 휩쓸린다고 느끼면 주변 지인들에게 상담해보자. 아빠가 엄마의 귀가 얇다는 사실을 알면(그것을 비난해서는 안 된다) 다른 의견을 제시하며 새로운 관점을 알려주는 방법도 좋다.

또 가정에 확고한 방침이 없는 경우, 다른 사람들과 비교하면서 흔들리기 쉽다. 예를 들어 '우리 집은 여름방학에는 밖에서 많이 뛰어노는 것을 중요하게 생각한다'는 방침이 명확하면 여름 방학 특강을 수강할까 말까로 고민하지 않는다.

국제학교 유치부에 다니는 A 양은 성격이 밝고 이야기하거나 그림 그리기를 좋아했다. 그러나 그 성격은 초등학교에 들어가서 바뀌었다. A 양은 계속 우울한 표정이었다. 그 이유는 A 양의 한마디로 금세 알 수 있었다. "난 일본어도 잘 못하고 수학도 못해요." A 양은 1학년 1학기 때 일본어와 가타카나를 배우느라 고생했다. 학교 숙제로 나온 계산 문제도 목표인 3분을 항상 넘겼다.

그러나 A 양의 엄마는 전혀 안달하지 않고 "너는 너야. 엄마랑 함께 해보자!"라며 줄곧 A 양의 곁을 지켰다.

그리고 2학기가 되어 A 양은 전환기를 맞이했다. 계산 문제를 풀 때 목표인 3분을 넘지 않았다. 교과서에는 2분 30초라는 글자가 쓰였다. A 양은 교실에 오자마자 "선생님! 저 2분 30초만에 풀었어요!"라고 몇 번이나 이야기했다.

A 양은 너무나도 기뻐서 근처에 사는 친척 오빠에게도 자랑했다고 한다. 그날을 계기로 자신감이 생긴 A 양은 교실에서 발표도 많이 했다.

A 양의 변화는 다른 친구들과 비교하지 않고 A 양의 성장을 가장 가까이에서 인정해준 엄마 덕분이었다. 그 후로 A 양은 한자 시험에서 거의 100점을 맞았다. 그리고 좋아하는 미술 시간에도 상을 받는 등 잘하는 과목도 점점 실력이 늘었다.

이처럼 무엇보다도 부모의 방침이나 삶에 대한 철학이 중요하다. 선택에 정답은 없기 때문에 무엇을 중시해서 결정할지 생각해야 한다. 평소에 "우리 아이는 이렇게 키우자"라고 부부 각자가 양보할 수 없는 부분을 서로 확실히 해두면 만일의 경우에도 흔들리지 않고, 그것이 계속 쌓이면 가족의 유대가 강해진다.

엄마는 평균과 비교하는 경우가 많다는 특성을 알고 그 함정에 빠지지 않도록 대화를 이어나가자.

✱ 다른 사람을 지나치게 신경 쓰지 않는다.

✱ 엄마는 "다른 사람들도 모두 다 해요"라는 말에 약하다는 사실을 알아둔다.

✱ 우리 집은 무엇을 중시하는지 평소에 이야기하고 어떤 일을 선택할 때 기준으로 삼는다.

부모끼리 비교하지 않기

비교로 인한 비극은 아이의 주변에서만 일어나지 않는다. 내 아이와 다른 아이를 비교해서는 안 된다고 생각하지만 의외로 그 외의 경우에는 아무렇지 않게 비교해서 스스로를 옭아매는 엄마도 있다.

살면서 한 번쯤은 친정 부모님과 시부모님을 비교한 적이 있을 것이다. 그리고 그 때문에 육아에 압박을 느끼거나 부부 사이가 어색해진 적이 있을 것이다.

부부 사이가 나쁜 원인 중 하나가 문화의 충돌, 즉 자란 환경의 차이이다. 그것은 그 부모끼리의 충돌이라고도 할 수 있다. 가정끼리 충돌한 것이어서 충격도 매우 크다. 젓가락 잡는 법이나 음식 먹는 법 등 나에게는 당연한 일이 상대에게는 이상하게 받아들여질 수 있다. 그런 점들이 서로 부딪치고 처음에는 '이런 사소한 일로 싸워봤자……'라며 참지만 비교하며 상대를 부정하는 감정이 쌓이면 점점 참기 힘들어지고 끝내는 폭발해버린다. 부부 싸움을 하다 시부모님을 비난하자 상상 이상으로 남편이 분노한 적도 있을 것이다. 그 정도로 부모끼리 비교당하고 자신의 부모가 비난받는 일은 불쾌하다.

손자를 돌봐주는 시부모님 때문에 문제가 되는 경우도 있다. 한쪽은 뭐든지 사주자고 하고 다른 한쪽은 그렇게 사달라는 대로 다 사주면 안 된다고 하면 가운데에 낀 엄마는 정말 난처하다. 그러나 그것으로 시부모님을 못마땅하게 여기면 남편 입장에서도 자기 자신이 공격받는 이상으로 괴롭다. 그럴 때는 가정의 방침을 확실히 세우는 것이 중요하다. 그리고 부부가 같은 방향을 바라보아야 한다. 그러면 우리 집의 방침과 다소 다른 말을 들어도 마음이 흔들리지 않는다.

아이가 건강하게 자라기 위해서는 부부 간의 이해가 필요하다. 부부가 자라온 환경이 다르면 아이에게 다양한 관점을 심어줄 수 있다는 장점도 있다. 부부 간의 가치관이 달라도 "당신 부모가 이상한 거야"라고 비난하지 말고 '그렇게도 생각할 수 있구나' 하고 너그러운 마음을 갖자.

* 내 부모와 배우자의 부모를 비교하지 않는다.
* 서로 문화의 차이를 허용한다. 아이는 온화한 가정에서 구김살 없이 자라는 법이다.
* 부부가 자라온 환경의 차이는 육아에 다양한 관점을 심어주는 장점이 있다고 생각하자.

남편을 비교하지 않기

비교 때문에 일어나는 또 다른 비극은 내 남편과 다른 집 남편을 비교하면서 일어나는 비극이다. 남편끼리는 절대로 비교하면 안 된다. 비교해봤자 좋은 일이 하나도 없기 때문이다.

원래 남편을 비교하는 것은 엄마들 사이에서는 금기시되어야 할 일이다. 남편의 직업을 이야기하는 것도 신경 쓰이고 친한 사이라도 남편의 직종이 너무 다르면 대화가 진전되지 않는다고도 한다. 인간은 환경이 너무 다르면 다른 사람의 부러운 점만 발견하는 경향이 있다. '다른 사람들만 행복한 거 아니야?' 하는 의혹은 인간이 갖기 쉬운 부정적인 감정이다.

서로 남편에 관한 농담을 할 수 있는 엄마들이야말로 편안히 이야기할 수 있는 사이라고 할 수 있다. "전에 우리 남편이……"라며 아무렇지 않게 남편을 대화의 소재로 삼을 수 있는 엄마들은 화기애애하게 대화를 즐기고 농담을 하며 스트레스도 적당히 해소한다. 이들은 '남편은 돈 벌어다 주고 집에 없는 게 좋다'는 말을 공유할 수 있는 집단이다. 그런 엄마들은 집 안에서도 잘 웃는다. 그렇게 밝은 엄마 밑에서 아이도 무럭무럭 안정적으로 자란다.

아빠 입장에서는 "○○네는 일요일에 아빠랑 아이랑 둘이서만 놀러 간대"라는 단순한 잡담을 듣기만 해도 마음이 술렁거린다. 엄마는 비교할 생각으로 한 이야기가 아니었는데도 말이다. 엄마는 주변에서 다양한 엄마들을 볼 기회가 많고 거기서 배우는 점도 많다. 그러나 아빠는 다른 아빠들을 만나볼 기회가 엄마에 비해 훨씬 적다. 스스로도 아빠라는 역할을 제대로 해내고 있는지 마음속에서 불안을 느끼는데 다른 아빠들과 비교당하면 기분이 나빠진다. 엄마로서는 아이뿐 아니라 남편의 기분까지 헤아려야 하느냐고 고민할지도 모르겠다.

자신감이 생긴 아빠는 지금보다 더 아이와 가정을 생각해줄 것이다. '우리 남편은 지금 이대로도 최고의 아빠'라는 마음으로 남편에게 말을 건네보자.

> ✱ 엄마들끼리 남편에 대해 비교하지 말고 웃으며 이야기할 수 있도록 한다.
>
> ✱ 아빠는 비교당하면 상상 이상으로 상처받는다. '우리 남편은 지금 이대로도 최고의 아빠'라는 마음으로 대해주자.

2장

육아에 정답이나
이상을 바라지 않기

너무 열심히 하지 않기

"못하는 점만 눈에 띄어서 금세 화가 나요."

A 군(5세)의 엄마는 이렇게 말했다. A 군은 세 가지를 배우고 있으며 세 살 때부터 매일 아침 교육열 높은 엄마와 함께 집에서 여러 가지 활동을 했다. 아이에게 뭐라도 시켜야 한다는 마음이 강한 나머지, A 군의 엄마는 아침부터 안달하는 때가 많았다고 한다. 그래서 유아의 특성이나 남자아이의 특성을 알려주고 하나마루 수업 시간에 어떻게 아이들을 대하는지 공유했다.

그 후, A 군의 엄마는 A 군을 대하는 방법을 바꾸었다. 지금까지는 A 군이 하기 싫다고 하면 화를 냈지만 그러지 않고 "그럼 함께 해보자"라고 A 군을 다독였다. 엄마가 그렇게 말했을 때 A 군의 눈빛은 180도 달라졌다. "더 하고 싶어!"라고 말하며 매일 아침 계획한 양보다 많이 하는 날도 있었다. 몇 달이 지난 어느 날, A 군은 이제 아무것도 하고 싶지 않다고 했고 엄마는 모든 활동을 그만두기로 결심했다. 그리고 이런 일화도 말해 주었다.

"옛날의 저였다면 어떻게든 뭐라도 시켰을 거예요. 하지만 그것이 의미 없는 일이라는 사실을 알았어요. 아이를 어떻게 대하면 좋을지 몰라서 뭐든지 아이에게 완벽을 요구했어요. 하지만 생각이 바뀌었어요. 하나마루 학습회의 책 『엄마를 미치게 하는 남자아이 키우는 법』이 참고가 되었지요. 실천해보니 정말 재미있더라고요. '남자아이는 준비, 시작! 하면 달린다'라고 쓰여 있어서 느닷없이 그렇게 말했더니 정말 형제 둘이서 막 달리는 거 있죠? 얼마나 웃었는지 몰라요." "'게임이나 시합으로 아이의 행동을 유도하는 것도 효과적이다'라고 쓰여 있어서 아침에 '자, 몇 초 만에 갈아입는지 세어보자'라고 했더니 순식간에 갈아입고는 '몇 초야?'라고 즐거운 듯이 물었어요." "지금까지 행동이 굼떠서 고민하고 조바심이 나서 혼내기만 했는데 행동이 느린 것은 아이가 아니라 제 잘못이었어요." "아침마다 세월아 네월아 옷을 천천히 갈아입었는데 아무리 소리를 질러도 효과가 없고 의욕을 더 잃더라고요. 그런데 말투를 바꾸었더니 완전히 달라졌어요."

엄마 본인이 열심히 노력하는 것, 아이에게 완벽을 요구하는 것. 거기에서 벗어나니 엄마에게 아이와의 일상을 즐길 여유가 생겼다는 사례였다.

"열심히 키우겠습니다!" "말씀하신 점들을 내일부터 실천해 보겠습니다!" 이런 말들은 긍정적으로 들릴지 모르겠지만 '열심히 하겠다'는 말은 육아에서 조금 위험한 말이기도 하다.

지금까지 살면서 공부도 열심히 하고 일도 열심히 해서 좋은 성과를 낸 여성은 아이를 키울 때도 "잘해야지!" "열심히 하자!"라며 완벽주의가 될 경향이 있다. 그리고 그런 결심 때문에 아이가 억눌리는 경우가 많다. 심하게는 엄마의 완벽주의가 학대로 이어질 수도 있다. 육아는 열심히 할 필요가 없다.

그 이유는 무엇일까? 육아는 '잘해야지' 하는 결심이 통하지 않는 세계이기 때문이다. 엄마와는 완전히 다른 생물인 아이는 예상외의 일만 일으킨다. 그 행동 하나하나를 어른의 사고방식에 따라 '이렇게 해야 돼'라는 방향으로 이끄는 것은 매우 힘들고, 아이 입장에서도 답답한 일이다.

잘해야 한다는 의욕이 앞선 엄마의 얼굴에는 웃음이 사라진다. 엄마가 웃지 않으면 아이도 성장하지 않는다. 엄마가 불안해하거나 안절부절못하면 그 감정이 아이에게 전해지기 때문이다. 나는 그동안 잘해야 한다는 압박을 느낀 엄마가 점점 나쁜 굴레에 빠지는 사례를 많이 보았다.

열심히 하지 않는다고 야무지지 않은 것은 아니다. 엄마 스스로 안심할 수 있고 마음이 평온해지는 뭔가를 찾아야 한다. '아이를 키울 때는 엄마의 안정이 가장 중요하다.' 이 말은 우리 사회에서 헌법처럼 지켜져야 한다.

엄마가 평온해지려면 자신만의 '삶의 낙'을 찾기를 권한다. 삶의 낙이 있으면 육아에서 잠시 벗어날 수 있다. 좋아하는 아이돌이나 친정 부모님, 형제, 학창시절 친구 등 누구든 무엇이든 상관없다. 아이와 떨어진 곳에서 엄마가 충전할 수 있는 것. 그것이 삶의 낙이다.

엄마가 너무 열심히 하지 않아도 아이는 기본적으로 알아서 잘 자란다. 엄마 스스로 '내가 안심하면 된다'고 생각해야 한다.

✱ 육아를 열심히 잘해야겠다고 생각하지 않는다.

✱ 엄마는 자기만의 '삶의 낙'을 찾는다. 그러면 육아에서 한발 떨어져 웃을 수 있다.

✱ 아이는 알아서 잘 자란다. 엄마 스스로 안심하고 아이를 키우는 것이 가장 중요하다.

육아의 정답을 찾지 않기

"제가 아이를 잘못 키우고 있나요?"

"제가 그때 ○○를 했는데 실수한 것 같아요."

엄마들이 자주 하는 말이다. 잘못했다, 실수했다고 하는 이유는 마음속 어딘가에 '그때 이렇게 했다면 더 좋았을 텐데' 하는 생각이 있기 때문이다.

그러나 육아에 정답은 없다. 일단 엄마부터 '정답은 없다'는 점을 확실히 깨달아야 한다.

구체적으로 예를 들어서 3+5=8처럼 계산 문제의 답은 하나로 결정되지만 '아이에게 축구를 시킬까 말까?' 하는 질문에는 정답이 없다. 축구를 하면 그 아이 나름대로 성장하는 부분이 있을 것이고, 하지 않으면 다른 활동에 시간을 할애하여 발전하는 부분이 있을 것이다. 결과는 그 길로 나아가보지 않으면 모르는 법이다. 기분상 가지 않은 길이 잘 보이는 경우도 있겠지만 그렇다고 해서 지금까지 간 길이 틀렸다는 뜻은 절대 아니다.

강연회 후에 처음 보는 사람이 갑자기 "우리 아이가 입시를 잘 치를까요?"라고 상담한 적이 있다. 그 사람은 나를 '아이에 관해서는 뭐든지 아는 사람'이라고 인식한 것 같다. 분명 많은 아이를 만났지만 그런 사례에 적용해서 정답을 찾아서는 안 된다. 아이들은 각자 다르기 때문이다.

정답을 바라는 것과 더불어 주의해야 할 함정은 부모의 방정식을 아이에게 적용시키는 것이다.

친척 아이가 중학교 입시에 성공하고 유명 사립대학에 갔다는 이야기를 들으면 그것만이 정답처럼 보인다. 중학교 입시 성공=유명 사립대학 합격이라는 방정식이 성립된다고 생각한 부모는 '이렇게 하면 반드시 성공한다'고 안심한다. 그러나 아무리 방정식처럼 보여도 그것은 엄밀히 말하면 입시 성공 사례의 하나일 뿐이다. 같은 선택을 한다고 내 아이가 똑같이 자란다는 보증은 없다.

부모 스스로 본인이 정답이나 방정식을 찾고 있다고 객관적으로 파악할 수 있다면 그 이면에 본인의 콤플렉스가 숨어 있지 않은지 생각해보자. '그렇게 할 걸 그랬다' 하고 후회하는 일이야말로 아이에게 쉽게 반영되기 때문이다.

그러나 부모가 '그렇게 할걸……' 하고 생각했다고 해서 아이도 똑같이 느낀다고는 할 수 없다. 누구에게나 통하는 정답이나 방정식은 없다. 그러므로 '실수한 것 같아', '그렇게 할걸……' 하고 후회할 필요도 없다. 아이가 자기만의 길을 걸어갈 수 있도록 묵묵히 지켜보자.

✳ 육아에 정답이나 방정식은 없으니 그것을 찾지 않는다.

✳ 정답이나 방정식은 없으므로 '그렇게 할 걸 그랬다'라고 후회하지 않는다.

집중해서 노는 아이를 방해하지 않기

집에서 하루 일과는 어떻게 이루어지는가? 일어나서 아침 먹고 학교나 유치원, 어린이집에 간다. 집에 와서 논다. 숙제를 한다. 밥을 먹는다. 목욕하고 잔다. 규칙적인 생활 습관은 육체적으로나 정신적으로 좋으니 아이에게 매일 정해진 시간에 정해진 일을 하라고 하는 엄마들도 많다.

그런데 아이가 뭔가에 집중하여 끝까지 물고 늘어질 때는 정말 힘들다. 특히 초등학교 저학년까지는 아이가 즐겁게 놀고 있을 때 중간에 밥을 먹이거나 목욕시키기는 보통 일이 아니다. 그러나 엄마는 정해진 시간에 재우고 싶은 마음에 시간을 체크해서 그날 해야 할 일을 끝내게 한다. 혼내고 설명하고 칭찬하는 등 여러 가지 방법을 쓰면서 엄마는 매일 아이와 씨름

한다. 저녁 식사 시간부터 아이를 재울 때까지 한숨도 쉴 겨를이 없다는 이야기도 자주 듣는다. '정해진 시간에 정해진 내로 행동해주면 편할 텐데……'라고 엄마는 마음속으로 생각할 것이다.

그런 엄마의 마음도 십분 이해하지만 실은 집중해서 노는 아이를 방해하지 않는 것은 아주 중요하다. 끝까지 놀아본 경험이 많은 아이일수록 앞으로 더 발전할 수 있기 때문이다.

엄마 스스로 생각해보자. 어릴 때 원 없이 놀아본 경험은 없었는지? 본인이 납득할 때까지 뭔가에 몰두한 추억이 마음속에 깊이 새겨지지 않았는지? 아이는 싫증을 잘 내는 성질이 있어서 한 가지 일에 집중할 수 없는데, 어떤 놀이를 계속한다면 어른의 생각보다 훨씬 깊게 그것에 꽂힌 상태라고 할 수 있다. 머리가 빙글빙글 회전하는 시간이다. 그럴 때 조금 떨어진 곳에서 말을 걸면 듣지 못하는 아이도 많다. 깊이 집중하기 때문이다. 엄마가 그 사실을 모르면 "몇 번이나 말해야 돼?"라고 혼내고 그 집중을 중단시키는 가장 나쁜 함정에 빠진다.

아이가 어떤 일에 집중해서 논다면 되도록 옆에서 끼어들지 말고 아이 스스로 다 놀았다고 생각할 때까지 지켜보도록 하자.

＊ 규칙적인 생활은 물론 중요하지만 아이는 시간대로 움직이지 않는다는 점을 알아둔다.

＊ 아이가 어떤 일에 집중해서 놀 때는 방해하지 않고 지켜본다.

조건부 사랑을 보여주지 않기

'아이를 향한 엄마의 사랑'이라고 하면 어떤 이미지가 떠오르는가?

깊은 것, 다정한 것, 소중한 것 등 긍정적인 이미지가 떠오를 것이다. 그러나 그 사랑이 조건부가 되는 순간, 아이는 너무 괴롭다.

엄마는 내 아이가 무슨 일을 할 때 그 방면에서 최고가 되기를 바란다. 글씨를 잘 쓰면 더 잘하기를 바란다. 입시 때가 되면 다른 아이에게 지지 않기를 바라며 합격했으면 좋겠다, 여기에서만큼은 질 수 없다고 생각한다. 그리고 "공부하고 있다면 집안일은 도와주지 않아도 돼"라며 어긋난 기준을 세우는 사태에 빠진다. 그러면 아이는 무엇보다 공부가 가장 중요하다는 가치관을 갖고, 결국은 엄마의 마음을 '공부하고 있는 너를 사랑해'라는 조건부 사랑이라고 생각한다.

중학교 입시 합격을 목표로 아들을 학원에 보낸 어떤 엄마가 있었다. 합격을 바라는 마음이 너무나도 커서 아들의 유치원 시절부터 지금까지의 모의시험 결과와 표준편차 데이터를 모두 컴퓨터에 입력해서 그래프로 만들어두었다. 그런데 그 아이가 학원에 갖고 오는 저녁 반찬은 편의점 도시락이었다.

편의점 도시락이 나쁘다는 뜻은 아니다. '중요하게 생각해야 할 사안의 우선순위가 바뀌지 않았는가?'를 말하고 싶은 것이다. 인간은 원래 다른 사람들과 부대끼며 살아가는 존재이며, 가까운 사람의 웃는 모습에 가치를 두어야 한다. 나는 엄마들이 가장 가까운 존재인 아이의 웃는 얼굴을 무엇보다도 소중히 생각했으면 좋겠다.

그러나 공부에 콤플렉스가 있는 엄마는 아이가 공부를 열심히 하기를 바란다. 그리고 아이에게 "그렇게 하면 성적 안 오르는데……"라고 압박한다. '공부를 하면 사랑한다(=공부를 하지 않으면 싫다)', '성적이 좋으면 사랑한다(=성적이 나쁘면 싫다)' 등 이런 무의식적인 메시지를 받으면서 공부하는 아이는 매우 괴롭고 진심으로 공부를 좋아할 리도 없다.

하나마루 학습회의 한 직원의 이야기이다.

어느 날, 중학생이 된 딸 A 양이 나쁜 장난을 쳤다. 그래서 학교에 불려 가서 선생님에게 다 같이 주의를 들었다고 한다. 집으로 돌아오는 길에 A 양이 물었다.

"아빠는 소원이 뭐야?"

"너만 건강하면 돼."

"그것뿐이야?"

A 양의 아빠는 A 양의 말 속에 여러 가지 감정이 교차되는 것을 느꼈다.

그 후, A 양은 자신을 돌아보는 시간을 갖고 차근차근 앞을 향해 나아갔다고 한다. "네가 옆에 있어주기만 하면 돼." "건강하기만 하면 돼." 그런 무조건적인 사랑을 표현한 말을 들은 아이는 강하게 자랄 수 있다.

가장 중요한 것은 무조건적인 사랑이다. "네가 엄마의 아이로 태어나주어 고맙다", "네가 엄마 곁에 있어주어 행복하다"라는 마음을 말로 전하자.

✽ 어떤 일의 최고가 되기만을 바라서 우선순위를 잘못 생각하지 않는다.

✽ 사랑에 조건을 달지 않는다. "네가 ~을 해서 사랑해"가 아니라 "네가 있어주기만 하면 돼"라고 표현한다.

착한 아이가 되기를 강요하지 않기

엄마는 흥미로운 존재이다. 엄마가 10대일 때는 선생님을 놀리는 거친 아이, 어른들에게 혼나면 대드는 아이한테 매력을 느끼고 좋아했다고 한다. 그런데 실제로 아이를 키우는 입장이 되면 내 아이가 어른의 말에 순종하기를 원한다. 가능하면 친구들과 싸우지 않기를 바라며 "친구를 절대로 때리면 안 돼"라고 가르친다. 이것은 초보 엄마가 자주 빠지는 함정이다.

심리학자나 소년원 관계자들은 자주 '착한 아이는 위험하다'라고 이야기한다. 어릴 때 착한 아이가 되라는 압박을 받고 자란 사람은 위험하다. 그 사실을 알고 있지만 엄마는 아이에게 착하게 자라기를 강요한다. 최근 사회적 문제가 된 은둔형 외톨이는 초등학생 때 반장 등을 도맡았던 원래 착한 타입의 아이들이다.

때와 장소에 맞게 행동하는 것은 분명 중요하다. 그러나 놀 때 도가 지나치지 않으면 조금 장난치는 정도는 괜찮다. 앞으로 자립심 있게 살아갈 수 있는 사람, 남들을 압도하는 매력적인 사람이 되기 위해서는 그런 인간적인 면도 필요하다.

✳ 아이에게 착한 아이가 되라고 강요하지 않는다.

✳ 아이가 장난치는 것은 당연하다. 놀다가 장난치는 것도 앞으로 자립적인 사람이 되기 위해 중요한 일이다.

성적을 중시하지 않기

부모로서 아이가 어떤 삶을 살기를 바라는가? 무엇보다 행복하게 살았으면 좋겠다고 생각할 것이다. 행복의 가치관은 사람마다 다르지만 일류 대학을 나와서 대기업에 취직하는, 이른바 성공한 인생이 행복하다고 생각하는 사람도 있다.

하지만 그런 가치관을 중요시하면 무조건 일류 대학에 들어가야 한다는 학벌주의에 빠져 아이도, 부모도 모두 괴로워진다. 그렇게 힘들게 유명 대학에 가서 취직을 했다 치더라도 실제로 일해보면 사회에서 요구하는 자질은 일류 대학에 입학하기 위해 필요한 지식, 즉 수능시험으로 측정할 수 있는 역량이 아니라 다른 것이었다는 사실을 깨닫는다. 예를 들어 다른 사람들에게 마음이 열려 있는가? 주위 사람들과 소통하여 친해

지려고 하는가? 친구가 되면 그 사람을 소중하게 여기는가? 그런 인성이야말로 사회생활을 할 때 필요한 힘이다. 컴퓨터 혁명 이후에 남는 것은 기계가 아닌 인간이기에 가능한 의사소통 능력이라고 한다.

하나마루 학습회의 수업에서 이런 문제가 출제되었다.

"슈퍼마켓에 가서 사탕을 하나 더 많이 샀다. 그러자 총금액이 400엔에서 450엔이 되었다. 사탕 하나는 얼마일까?"

이 문제를 보고 A는 금세 풀었고 B는 고민했다. 그 차이는 무엇일까? 바로 경험의 차이이다. A는 엄마를 도와 심부름하는 것을 좋아한다. 그러나 B는 혼자 뭔가를 사본 적이 없었다.

B는 중학교 입시를 위해 매일 아침 30분 동안 엄마와 계산 문제를 풀었다. 그런 노력으로 계산에는 자신이 있었다. 그러나 학원을 네 군데나 다니는 B는 일상생활 속에서 숫자를 접할 기회나 밖에서 놀 기회가 없었다(밖에서 놀면 다양한 수학적 센스를 갖출 수 있다). 그 경험의 차이가 곳곳에서 나타났다.

예를 들어 가위바위보의 규칙성을 찾는 문제가 출제되었을 때의 일이다. 실제로 세 명이서 가위바위보를 해보았는데 B는 어리둥절해했다. 셋이서 가위바위보를 한 것이 그때가 처음이었다. 또 직접 경험하는 것이 효과적인 공간 인식력 문제나 평면도형 문제에는 손을 써보지도 못했다. 너무 급하게 입시에 합격한다는 목표를 이루려다 보니 B는 그 시기에 해야 할 생활 경험과 배움의 기회를 놓치고 말았다. 나는 그 이야기를 B의 엄마에게 전했다. 지금 B는 다양한 경험을 쌓을 때마다 무척이나 표정이 밝다. 유아기 때는 실제로 많이 경험해보아야 그에 관해 더 잘 습득할 수 있다는 점을 실감한 사례였다.

성적만 중시하여 아이를 키우면 사회에 나가서 정말 중요한 능력을 갖추지 못할 위험성이 있다. 공부를 하지 않아도 된다는 뜻은 아니다. 하지만 "엄마를 도와주지 않아도 되니까 숙제해", "친구랑 놀 거면 집에서 공부나 해"처럼 공부가 최고라는 기준을 갖고 아이를 대하지는 않는지 반성해보자. 만약 그랬다면 아이의 미래를 잘 생각해보고 귀중한 어린 시절에 정말 갈고닦아야 할 힘이 무엇일지 고민해보자.

✱ 성적이 좋다고 해서 사회에서 활약할 수 있는 인재가 되는 것은 아니다.

✱ 사회에서 요구하는 능력은 소통할 수 있는 힘이다.

✱ 성적보다도 지금 아이가 갈고닦아야 하는 힘이 무엇인지 생각한다.

엄마가 하지 않는 일을 아이에게
요구하지 않기

아이는 눈 깜짝할 사이에 자란다. 전에는 할 수 없었던 일도 어느 순간 당연한 듯이 한다. 어릴 때부터 아이를 옆에서 쭉 지켜본 가족들은 그런 성장 하나하나에 기쁨과 흥분을 느낀다.

하지만 반대로 항상 가까이에 있으면서 "이것 좀 해봐. 이것은 잘할 수 있을 거야"라는 어른의 기준으로 아이에게 지나치게 요구한 적도 있을 것이다. 그 대표적인 예가 독서이다.

"책 좀 읽어."

"매일 자기 전에는 책 읽자."

"책을 많이 읽으면 국어 성적이 올라."

이런 식으로 독서를 권하는 엄마들이 많다. 아이가 책을 좋아하게끔 만들려고 여러 가지 방법을 시도한다.

그러나 아이는 마음속으로 '나한테는 책을 읽으라고 하면서 엄마는 드라마만 보잖아'라고 생각한다. 어른이 하지 않는 일을 아이에게 요구해봤자 아이는 절대로 하지 않는다.

아이가 책을 좋아하게 하려면 일단 부모가 책벌레여야 한다. "인사해"라고 몇 번이나 말하는 것보다 부모가 큰 소리로 인사하는 모습을 보여주는 것이 가장 효과적이다. 이 방법은 독서나 인사 외에도 여러 가지 방면에 적용된다. "우리 아이는 말을 안 들어요"라고 고민하기 전에 우선 엄마 본인이 하지 않은 일을 아이에게 과도하게 요구하지 않았는지 생각해보자. 아이에게 새로운 일을 요구하면 자신도 함께 그것을 시작할 마음을 먹는다. 어른이 즐거워하는 모습을 보면 아이도 자연스럽게 함께하고 싶어질 것이다.

✳ 아이에게 요구하기 전에 우선 엄마 본인이 그 일을 할 수 있는지 생각해본다.

✳ 아이에게 어떤 일을 요구하려면 부모가 먼저 함께 즐기는 마음으로 시작해본다.

혼자 감당하지 않기

아이를 키우면서 '나 혼자 감당해야지'라고 생각하는 엄마는 별로 없을 것이다. 그러나 '나는 괜찮아'라고 생각하는 엄마라도 이야기를 들어보면 실은 혼자 모든 것을 떠안고 있는 경우가 많다. 요즘 시대의 엄마들은 정말 고독하다. 옛날에는 마을 전체가 육아를 하는 사회였지만 지금은 핵가족화로 인해 주위에 아이를 쉽게 맡길 수 없는 시대가 되었다. 마을이라는 울타리 안에서 안심하고 지냈던 엄마와 아이들. 그러나 지금은 엄마 혼자 끙끙대고 있는 느낌이다.

'우리 남편은 이야기를 잘 들어주는 사람이라 괜찮아.' '고민을 털어놓을 수 있는 친구가 있어서 괜찮아.' 아이가 어릴 때는 그렇게 생각해도 아이가 점점 자라면서 고민의 종류가 달라진다. 예를 들어 중학교 입시를 앞두면 아무에게도 속 깊은 이야기를 할 수 없다며 고독함을 느끼는 엄마도 많다. 겉으로는 웃는데 마음은 사무치게 외롭다고 할 수 있다.

엄마가 외로우면 아이와 더 많이 일대일로 마주하게 된다. 그럼 좋지 않으냐고 할 수 있겠지만 계속해서 일대일로 마주하면 '이 아이를 위해 최선을 다하는 사람은 나뿐이다'라는 생각이 강해진다. 엄마는 아이에게 최고의 학교, 최고의 선생님, 최고의 친구를 만나게 해주려고 애쓰지만 아이만 바라보는 것은 한편으로는 안쓰럽기도 하다.

아이만 생각하다 보면 엄마 자신은 뒤로 밀려난다. 그런 엄마를 이상적이라고 하는 사람도 있겠지만 과연 엄마 본인의 행복도 거기에 있을까? 또 엄마가 아이에게 과도하게 의존해버리면 아이에 대한 기대치가 높아져 부담을 주게 된다. 그런 부담은 아이의 발전을 막는다.

엄마는 엄마로서 행복해야 한다. 엄마의 행복을 희생한다고 아이가 행복해지지 않는다.

행복이란 무엇일까? 나는 행복은 사람들과의 관계 속에 있다고 생각한다. 많은 사람과 만나고 남들이 자신을 이해해주는 것이 행복의 근원이다. 엄마라는 역할을 제대로, 확실히, 열심히 해야 한다고 생각하지 말고 자기 자신을 소중히 여기고 항상 웃으면서 행복하게 인생을 즐겼으면 좋겠다.

사람들과의 관계를 예로 들자면 친정 엄마, 형제자매 등이 있겠다. 아이를 낳은 언니가 있으면 의지가 된다. 가족뿐 아니라 서로 시시콜콜한 일들도 다 아는 학창시절 친구도 정말 소중한 인연이다.

엄마는 그런 인연에 의식적으로 의지해야 한다. 본인은 깨닫지 못해도 외롭게 아이를 키우는 사람들이 많다. 의지하며 힘든 일도 털어놓고 "이해해", "그랬구나"라는 말을 듣기만 해도 마음이 여유로워진다. 엄마의 웃는 얼굴이 아이에게는 가장 좋은 영양분이다.

✳ 고민이 있을 때 '나는 괜찮아'라고 생각하지 않는다. '나 혼자 감당하고 있었나?'라는 의문을 갖고 주위 사람들에게 의지한다.

✳ 아이를 위해 자신을 희생하지 말자. 엄마 스스로 행복해지는 일을 생각하자.

아이의 미래를 기대하지 않기

 아이의 미래를 기대하지 말라고 하면 잔혹하다고 생각할까?

기대하지 말라고 하면 부정적으로 들리겠지만 여기서 말하는 '기대하지 않기'는 부모의 소원을 아이에게 강요하지 않는다는 의미이다.

부모는 자신의 콤플렉스를 아이에게 적용하는 습성이 있다. '나는 그랬지만 사랑하는 내 아이는 나 같은 인생을 살지 않았으면 좋겠다'고 바란다.

그래서 자신이 이루지 못한 행복한 인생을 떠올리며 엄마 마음대로 '나중에 커서 의사나 변호사, 공인회계사가 되면 좋겠다'라고 기대한다. 아이는 엄마의 기대에 찬 시선을 느끼기 때문에 '장래 희망은 의사'라고 한다. 엄마는 그 말을 듣고 점점 기대치를 높인다. 그러나 사실 그 아이는 훌륭한 목수가 될 수도 있고 모델이 되기 위한 노력을 아끼지 않는 재능이 있을지도 모른다.

부모가 기대하지 않으면 그 아이의 장래에는 무한한 가능성이 펼쳐진다. 기대했다가 그대로 되지 않으면 배신당한 느낌이 드는데 그 '기대'는 부모의 가치관 중 하나이다. 그것이 전부는 아니라는 사실을 염두에 두어야 한다. 장래 희망에 대해 이야기할 때는 "네가 좋아하는 일을 하기를 바란다. 좋아하는 직업을 갖기를 바란다"라고 말해주어야 한다. 그다음에는 "네가 행복해지기를 바란다. 건강했으면 좋겠다"는 메시지를 계속 보내는 것도 중요하다.

기대하지 않는다는 것은 부모가 체념하고 방관한다는 뜻이 아니다. 아이의 장래성은 절대로 포기하지 말아야 한다. 예를 들어 내 아이가 중학교 입시를 준비할 상황이 아니라는 사실을 알았을 때 어떻게 해야 할까? 중학교 입시는 조숙한 아이에게 매우 유리한데, 내가 아이의 상태를 보고 "중학교 입시보다는 고등학교 입시를 준비하시죠"라고 하면 "알겠습니다. 우리 아이는 공부와는 거리가 멀다는 말씀이시군요" 하고 아이의 장래성을 포기하는 엄마가 있다. 엄마들은 공부에 대해 눈앞에 보이는 성적이 전부이고 지금 못하면 앞으로도 계속 못한다는 식으로 생각하곤 한다. 그러나 초등학교 4학년 때 성장하는 아이도 있고 중학교 3학년 때 성장하는 아이도 있다. 오히려 사회에 나왔을 때는 후자인 아이가 더 발전할 여지가 있는 경우도 있다. 아이에게는 각자 성장 단계가 있다. '주위 아이들과 비교해도 잘 못하니까 우리 아이는 안 돼'라고 포기해서는 안 된다.

예를 들어 동갑인 내 아들과 옆집 딸을 비교하면 옆집 아이는 복습도 잘하고 스스로 계획도 세우고 학습 면에서 압도적으로 유리한 경우가 많다. 이미 출발선이 너무 다르다. 그러나 내 아들도 중학교 3학년이 되면 철이 들어 오히려 치밀하게 계획을 세우고 공부할 수도 있다. 엄마가 포기하지 않는 한, 아이는 나름대로 가장 적합한 타이밍에 성장해갈 것이다.

아이의 미래를 너무 기대하지 않는다. 그러나 장래성은 포기하지 않는다. 모순되게 보이지만 아이가 본래 가진 싹을 점점 성장시키기 위해 중요한 일이다.

✱ 부모의 콤플렉스로 아이에게 부모의 기대를 강요하지 않는다.

✱ 아이마다 성장하는 시기는 다르다. 언젠가 반드시 성장한다고 믿고 장래성을 포기하지 않는다.

3장

과도하게
간섭하지 않기

지나치게 걱정하지 않기

"하루에 세 가지씩 새로운 걱정이 늘어나요."

언젠가 삼형제를 둔 엄마가 한 말이다. 아이를 키우는 엄마들은 고개를 끄덕이며 공감할 것이다. 하루에 세 가지씩 일주일에 스물한 가지 고민. 하나가 해결되었다 싶으면 다음 날에는 또 다른 고민이 생긴다.

엄마는 항상 걱정한다. 엄마가 되면 하루 종일 아이에 대한 걱정뿐이다.

하나마루 학습회가 주최하는 야외 체험인 여름학교의 강연회에서도 엄마의 걱정에 대해 자주 이야기한다. 아빠는 '일단 아이를 보냈으니 사흘 후에 데리러 가면 되지'라고 생각한다. 그러나 엄마는 야외 체험의 스케줄을 보면서 '지금은 점심시간이구나. 밥은 잘 먹으려나?', '지금쯤 물놀이하겠지? 친구들이랑 잘 놀까?' 하고 아이의 일거수일투족을 항상 생각한다. 그것도 걱정을 동반하여 상상한다.

엄마는 평소에도 아이를 걱정하기 때문에 본인이 불안하면 걱정하는 빈도는 한층 높아진다. 그럴 때는 동시에 조바심이 나기도 한다. 계속해서 불안하고 초조하면 엄마도, 아이도 괴롭다.

어느 날, 알림장을 통해 A 군의 엄마에게 이런 메시지를 받았다.

"얼마 전 A가 이제 하나마루에 가지 않겠다고 했어요. '하나마루에 가는 거 좋아하더니 왜?'라고 물었더니 매일 한자 연습하고 계산 문제 풀기가 힘들다더군요. 큰일 났다 싶었지만 그 원인은 저에게 있더라고요. A는 매일 한자 연습이나 계산을 느릿느릿 해요. 매번 마지못해 시작하지요. 노트조차 펼치려고 하지 않는 모습에 저는 안달이 났습니다. 그런 모습을 보니 괜히 걱정되어 '빨리해!', '또 시험 못 보면 어떡하려고?'라고 다그쳤습니다. 그런 말을 해서는 안 되었는데 제가 A를 몰아붙이고 있었어요.

'미안해. 넌 그동안 열심히 했는데 엄마가 너무 심했지? 우리 아들 지금 이대로도 충분한데 말이야'라고 솔직히 사과했습니다.

그러자 A는 웃음을 되찾았습니다. 아직도 느리긴 하지만 스스로 노트를 펴요. 선생님은 항상 칭찬을 많이 해주시지요. 앞으로는 저도 많이 칭찬하도록 하겠습니다."

"우리 아들 지금 그대로도 충분해"라는 말을 들은 A는 마음이 얼마나 편했을까? 그 말은 아이들이 엄마에게 듣고 싶은 한마디이다.

하지만 아무리 엄마들에게 걱정하지 말라고 해도 쉽지 않을 것이다. 그러나 자신을 객관적인 입장에서 보며 엄마는 원래 걱정이 너무 많다는 사실을 알아두기만 해도 마음이 한결 편해진다. 그리고 지나치게 걱정하지 말자. 설령 걱정거리가 많더라도 믿을 수 있는 주위 사람들에게 털어놓자. "네가 너무 걱정하는 거야"라는 말만 들어도 마음이 가벼워지고 또 새로운 하루를 웃으며 보낼 수 있을 것이다. 엄마는 항상 웃었으면 좋겠다.

✳ 엄마랑 걱정하는 골재잉을 알아둔다.

✳ 지나치게 걱정하지 않는다. 걱정거리를 털어놓을 수 있는 사람을 찾아둔다.

아이의 선생님이 되지 않기

 아이는 빨리 자란다. 태어났을 때는 엄마와 아이 둘 뿐이었다.

그러나 점점 자라면서 아이의 주위에는 가족, 친척, 친구, 선생님이 생긴다. 부모는 그 성장의 속도에 맞추어 아이를 대하는 방법을 바꾸어야 한다.

조금 더 구체적으로 설명해보면 초등학교 저학년까지를 빨간 상자, 고학년 이후를 파란 상자(초등학교 4학년은 회색)라고 생각하고 빨간 상자의 기간에서 파란 상자의 기간으로 넘어갈 때 아이를 대하는 방법을 완전히 바꾸어야 한다. 왜냐하면 아이는 올챙이에서 개구리가 되는 것처럼 생물학적으로 변하기 때문이다.

파란 상자에 들어간 아이들은 어른이 되는 첫걸음을 내딛는다. 반항기가 시작되어 부모가 평소와 똑같이 대해도 무조건 반발한다. 부모의 말은 전혀 듣지 않는다. 그것이 정상이다. 어른으로서 제 역할을 해내기 위한 도움닫기 시기인데 이때도 부모 자식 관계가 끈끈하다면 그것도 또 걱정이 된다.

그러나 어른이 되어가는 단계라고 해도 곧바로 어른이 될 수는 없기에 이 시기에 맞는 지도자가 필요하다. 그 역할은 부모가 아니라 '멘토 선생님'이 맡는다. 학교 동아리 선생님이든 학원 선생님이든 상관없다. 부모가 믿을 수 있고 아이도 왠지 반항할 수 없는 존재가 바로 멘토 선생님이다.

부모가 아닌 다른 사람인 점에 의미가 있다. 부모도, 학교 선생님도 아닌 선배 같은 사람에게는 부모에게는 보이고 싶지 않은 모습을 보일 수 있고 마음속 이야기도 할 수 있을 것이다.

사춘기는 아이의 마음가짐에 따라 대충 시간을 보내는 시기가 될 수도 있다. 먹고 자고 먹고 자고를 반복해서 1주일이든 2주일이든 시간만 흘려보낸다. 부모가 혼내도 꿈쩍도 하지 않는다. 그러나 멘토 선생님이 꾸짖으면 움직인다. 또 동경하는 마음도 원동력이 될 수 있다. 중학생, 고등학생에게 두세 살 위의 선배는 매우 멋져 보인다. 선배처럼 되고 싶다는 마음이 활

력소가 된다. 부모나 학교 선생님처럼 수직적인 관계가 아니기에 생길 수 있는 감정이다.

그럼 고학년이 된 아이에게 부모가 해줄 수 있는 일은 아무것도 없을까? 그렇지 않다. 아이가 의지할 수 있는 멘토 선생님을 찾아주거나 마음을 기댈 관계를 쌓을 수 있는 환경을 만들어주는 것은 부모만이 할 수 있는 일이다.

멘토 선생님은 부모도 믿을 수 있는 사람이어야 하기에 부모가 직접 눈으로 보고 '이 사람이 지도해주면 좋겠다'는 사람에게 아이를 맡기는 것이 좋다.

고학년 이후에는 부모가 선생님이 되지 말고 멘토 선생님을 찾아주어야 한다. 그렇게 아이를 대하는 방법을 바꾸어가자.

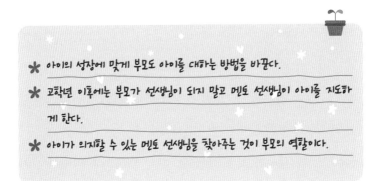

✱ 아이의 성장에 맞게 부모도 아이를 대하는 방법을 바꾼다.
✱ 고학년 이후에는 부모가 선생님이 되지 말고 멘토 선생님이 아이를 지도하게 한다.
✱ 아이가 의지할 수 있는 멘토 선생님을 찾아주는 것이 부모의 역할이다.

힘들어하는 일을 막지 않기

앞에서 엄마는 걱정하는 존재라고 했다. 그것은 변하지 않는 진리이다. 그러나 아이가 걱정되고 소중히 키우겠다는 마음이 너무 강해서 안전한 곳에만 가두면 반대로 아이는 약해진다.

병원균을 생각해보자. 노로 바이러스로 사람이 죽었다는 뉴스를 보면 엄마는 무서운 생각이 든다. '우리 아이는 괜찮을까?' 하고 걱정하고 그때까지 평온했던 마음이 두근두근 떨리며 밤새 잠도 못 이룬다. 그러나 침착하자. 노로 바이러스에 걸린다고 꼭 죽는 것은 아니다. 이 세상에 병균은 아주 많고 유아기에 조금씩 걸리는 것은 어쩔 수 없다. 오히려 면역력이 생기는 기회가 된다. 엄마는 '만일 우리 아이가……'라고 상상하지만 지나치게 걱정해서 뭐든지 과도하게 배제해버리면 아이는 강해질 기회조차 잃는다.

심적인 면에서도 마찬가지이다. 어린 시절에 미리 마음이 병균에 노출되는 경험도 쌓게 하자. 어린 시절에는 그때만 할 수 있는 괴로운 경험이 있다. 어제까지 친했던 친구가 갑자기 괴롭히거나 '왜 나만?' 하는 불합리한 일을 당하기도 한다.

부모 입장에서 보면 너무나도 안타깝고 가능하면 그런 일들을 겪지 않게 해주고 싶다. 아이가 힘들어하는 모습을 볼 때 가슴 아프지 않은 엄마는 없기 때문이다. 그러나 그런 일들은 아이의 장래에 도움이 된다. 어린 시절에 괴로운 경험을 한번 겪었기 때문에 어른이 되었을 때 다른 사람의 고통을 이해할 수 있고 역경도 이겨낼 수 있다. 즉, 내성이 생긴다. 사소한 일로 좌절하지 않는 굳센 마음을 가질 수 있다.

예전에 야외 체험에 참가한 A 군의 엄마로부터 이런 메시지를 받았다.

"야외 체험이 끝나고 새해 무렵부터 A가 '엄마를 도와주는 게 좋아'라는 말을 자주 해서 의외였어요. 그리고 그것이 지금도 계속되어 놀랍네요. 평소에는 제가 집요하게 묻지 않으면 자신의 기분을 말해주지 않는 아들인데 이번에는 '우리 반장은 정말 착한데 상을 하나도 못 받았어. 그래서 불쌍해'라고 몇 번이나 안타까워하더라고요. 다른 사람에 대한 불만은 바로 푸념처럼 털어놓았어도 A가 이런 말을 한 적은 처음이었어요. 선생님, 감사합니다."

A 군은 야외 체험에서 180도 바뀌었다. 처음에는 사건마다 싸움의 연속이었다. 다른 아이의 스키 플레이트가 자신의 것과 부딪히기만 해도 "뭐야!" 하고 소리를 질렀다. 식사하러 갈 때도 "내가 제일 먼저 왔는데!"라고 짜증을 냈다. 첫날, 친구들을 제일 화나게 만든 사람도, 가장 많이 울었던 사람도 A 군이었다.

그랬던 그 아이가 둘째 날 밤부터 바뀌었다. 계기는 A 군의 사소한 한마디였다.

"나 남들 웃기는 거 잘하는데."

이 순간을 놓쳐서는 안 된다고 생각하고 "정말? 한번 해봐!"라고 띄워주었다. 기분이 좋아진 A 군은 온 힘을 다해 개인기를 보여주었다.

그러자 그 자리에 있던 모든 아이가 폭소를 터뜨렸다. A 군은 단숨에 반의 분위기 메이커가 되었다. 그 후 A 군의 말투와 행동은 바뀌었다. 기를 쓰고 친구들을 웃기려고 했고 그 덕분에 반에서 일삼던 싸움도 자취를 감추었다. 스키 플레이트가 닿아도 신경 쓰지 않고 반장이 화장실 슬리퍼를 정리하면 의욕적으로 나서서 도와주려고 했다.

아이들끼리는 진심을 보여준다. 그 솔직함 때문에 때로는 혹독한 경험을 한다. A 군의 입장에서 보면 안심할 수 있는 집을 떠나 뛰어든 바깥세상이 처음에는 생각대로 되지 않는 일투성이였고 불만뿐이었을 것이다. 그러나 점차 친구들에게 정정당당하게 인정받고 자신감을 갖게 되었다. 이것은 집 안에서는 절대로 할 수 없는 경험이다.

어린 시절에 나쁜 일을 겪지 않은 사람은 사회에 나가 작은 일에도 쉽게 좌절해버린다. 금방 기분이 가라앉고 침울해진다. 그때까지 쭉 엘리트 코스를 밟았는데 사기가 꺾여 버티지 못하는 경우도 많이 보았다. 부모가 아이의 괴로운 경험을 완전히 차단하는 것은 죄이다. 물론 괴로운 일만 경험시킬 필요는 없지만 자연스럽게 싫은 경험도 쌓게 해주자.

✱ 어린 시절에는 그때만 할 수 있는 경험이 있다.

✱ 지나치게 걱정하지 말고 아이가 힘들어하는 일을 전부 막으려고 하지 않는다.

✱ 괴로운 일도 앞으로 아이를 위해서라고 생각하고 경험하게 해준다.

따돌림이나 싸움 문제를
크게 벌이지 않기

앞에서 힘들어하는 일을 막지 않는 것의 중요성을 언급했다. 이와 마찬가지로 따돌림이나 싸움 문제를 크게 벌이지 않는 것 또한 중요하다.

'내 아이가 따돌림을 당하지는 않을까? 싸움에서 지지 않을까?' 그런 생각이 들 때 어떻게 하면 좋을까?

아이의 말을 듣고 상대 아이를 몰아세우며 제3자인 선생님에게 상담하는 등 대책을 강구하고 싶을 것이다. 그러나 부모는 정말 악질적인 따돌림이나 큰 부상으로 이어지는 싸움이 아니라면 상황을 크게 벌이지 말아야 한다.

부모가 아이들의 세계에 개입하여 다른 아이에게 "그러면 안돼"라고 하면 내 아이는 부끄러워한다. 부모는 자식을 위해서라고 생각하지만 아이들끼리는 "쟤네 엄마한테 걸리면 귀찮아지니까 쟤는 비밀 기지에 데리고 가지 말자"라고 하고 내 아이를 멀리한다.

요즘은 별난 시대여서 부모가 참여하는 '어린이 취업 활동 세미나'도 있다고 한다. 그러나 부모가 거기까지 간섭하면 그 아이가 과연 사회에 나가서 혼자 힘으로 밥벌이를 할 수 있을까? 아이는 언젠가 부모 곁을 떠나야 한다. 초등학생이므로 부모가 모르는 아이만의 세계가 있는 것은 당연하다.

아이들은 어른에게는 비밀로 해도 친구끼리는 공유한다는 생각이 있다. 자기들만의 비밀이 있다는 사실에 아이는 기쁘다. 그런데 무슨 일만 생기면 부모가 나서서 간섭하려고 하는 모습은 매우 꼴불견이라고 생각한다. 그것이 아이들의 가치관이다. 아이들의 세계는 때로는 잔혹하므로 그런 부모가 있으면 더욱 비난할 가능성이 크다.

그럼 내 아이가 따돌림을 당했다는 사실을 알았을 때 어떻게 하면 좋을까? 제일 먼저 "엄마는 네가 있는 것만으로도 행복해"라는 메시지를 계속 보낸다.

아무리 밖에서 힘든 일이 있어도 집에 오면 안심할 수 있다.

그렇게 느끼게 해줄 수 있는 사람은 엄마뿐이다. 또 친구와 싸우고 오면 "화해는 했어?"라고 한마디만 물어보자.

하나마루 학습회에서 야외 체험을 가면 단체로 숙박하기 때문에 싸움이 자주 일어난다. 그러나 싸움도 거름이 되는 법이다. 인간관계에서도 이리저리 치이는 아이일수록 사회에 나갔을 때 매력적인 사람이 될 수 있다. 그러므로 싸움을 피하기만 해서는 안 된다. 나는 아이들에게 "싸움을 할 수도 있어. 하지만 그 후에는 꼭 화해해야 돼. 알았지?"라고 한다.

부모는 사랑하는 아이가 괴로운 일을 당했을 때 '내가 뭐 할 수 있는 일은 없을까?' 하고 나서고 싶어진다. 하지만 따돌림이나 싸움 문제를 크게 벌여 좋을 일은 없다.

아무 말 않고 지켜보기, 집을 안심할 수 있는 장소로 만들기, 화해의 중요성을 알려주기. 부모는 다만 이 세 가지를 꼭 실행해야 한다.

* 정말 악질적이지 않은 한 따돌림이나 싸움 문제를 크게 벌이지 않는다.
* 따돌림을 당하면 "네가 있는 것만으로도 엄마는 행복해"라는 메시지를 보낸다.
* 싸우면 "화해는 했어?"라고 묻는다.

앞서가지 않기

실수하지 않도록 미리 준비해둔다는 뜻의 사자성어로 '유비무환'이라는 말이 있다. 그런데 이렇게 미리 준비해버리는 것은 엄마가 빠지기 쉬운 함정 중에서 1, 2위를 다툰다.

엄마는 아이가 위험한 상황에 처하지 않았으면 좋겠다는 마음이 간절하다. 아이가 나쁜 기억을 갖지 않았으면 좋겠고 실패하지 않기를 원한다. 이런 생각이 강해지면 엄마는 점점 앞서 나가 모든 것을 준비해두려고 한다. 그러면 아이는 생각하는 힘을 상실한다. 엄마는 아이를 위하는 마음 하나로 움직이는데 말이다.

물론 목숨과 관련된 위험한 일에 관해서는 앞서서 막아야 한다. 콘센트에 철사를 넣는 장난을 할 때는 단호하게 제지해야 한다. 그러나 휴지를 상자에서 전부 빼내는 장난은 막지 말고 일단 하게 두어도 된다. 그리고 함께 정리하면서 '정리하기 힘들구나'라고 아이 스스로 깨닫게 한다. 뭐든지 앞서 나가서 "안 돼!"라고 하지 말자.

인간관계에서도 마찬가지이다. "그렇게 하면 친구들이 싫어해"라고 부모가 앞서가는 바람에 오히려 위축되어 친구와 같이 놀지 않는 아이도 있다. 부모로서는 친구들과 잘 지냈으면 하는 마음으로 한 말이지만 역효과만 낳는다. "그렇게 하면 친구들이 싫어해"라고 미리 말하지 말고 아이가 그 행동을 해서 친구와 다투기도 하고 스스로 배우는 것이 정답이다.

인간관계는 0에서 구축된다. 눈을 질끈 감고 그 안에 들어가게 두자. 난폭한 사람도 있고 심술궂은 사람도 있다. 또 잘난 척하는 사람도 있다. 교과서대로 통하지 않는 환경에서 어린 시절부터 남들과 소통하는 경험을 많이 해보아야 하는데, 부모가 항상 앞서 나가 이상만 좇는다면 아이는 시행착오를 하는 경험을 빼앗기는 셈이다.

교육도 마찬가지이다. 내 아이가 다른 아이보다 앞서 있으면 부모는 안심한다. 초등학교 6학년이 되면 당연히 할 수 있는 일을 조금이라도 빨리 익히면 부모가 안심할 수 있다는 생각에 유아기부터 압박하는 경우가 많다. 결과적으로 아이는 다양한 분야에서 성장할 수 있는 적절한 시기를 놓친다.

아이도 처음에는 '난 다른 친구들보다 잘해'라고 자만하며 공부를 잘한다고 생각할 수 있어도 수박 겉핥기식 실력이라면 점점 나중에 두각을 나타내는 아이들에게 뒤처져서 자신감을 잃기도 한다. 부모가 나쁜 마음으로 선행 교육을 시키지는 않겠지만 막상 가장 중요한 것은 놓치기 쉽다.

✸ 뭐든지 미리 "안 돼!"라고 하지 않는다.
✸ 인간관계의 실패를 두려워하지 말고 소통할 수 있는 기회를 소중히 여긴다.
✸ 부모의 안심을 위해 선행 교육을 하지 않는다.

4장

아이라는 존재를
무시하지 않기

칭찬에 인색하지 않기

"'칭찬하며 키우자'라는 말을 많이 듣는데 칭찬하는 방법을 잘 모르겠습니다."

"칭찬의 중요성은 자주 언급되는데 정말 칭찬만 해도 될까요? 제멋대로 버릇없이 크면 어떡하지요?"

"칭찬하는 것과 응석을 받아주는 것의 차이를 모르겠어요."

부모들은 칭찬하는 방법에 대해 자주 묻는다. 하나마루 학습회의 수업에서는 '칭찬하다=인정하다'를 기조로 삼아 모든 학생에 대해 칭찬하는 타이밍을 놓치지 않도록 한다.

특히 초등학교 저학년까지는 어떤 일을 잘했을 때 그 순간에 바로 인정해주어야 한다. 칭찬에 인색할 필요는 없다. 말로, 눈으로, 태도로, 아이를 마음껏 칭찬해주자.

칭찬하는 방법을 모르겠다는 엄마, 특히 첫째 아이를 칭찬하기가 어렵다는 경우가 많다.

예를 들어 형이 눈치 있게 엄마를 도와주었는데 엄마는 동생만 돌본다. 그 행동을 인정받지 못한 형은 토라져서 엄마에게 화를 낸다.

또 언니는 항상 뭐든지 동생과 비교해서 잘하기 때문에 엄마의 요구가 높아지고 못하는 점만 눈에 띄어 혼난다. 가족 중에서 엄마의 잔소리를 가장 많이 듣는 사람은 큰딸이다.

엄마도 첫째를 칭찬하지 않는 것을 어렴풋이 알고 신경은 쓰지만 그때까지의 관계가 좀처럼 개선되지 않아 "칭찬하고 싶어도 못 하겠어요", "솔직히 별로 예쁘지 않아요. 막내는 예쁜데……"라는 사람도 있다. 고질적인 문제이다.

아이들은 특별한 말을 바라지 않는다. 자기 나름대로 열심히 한 행동을 엄마가 말로 표현해주는 것. 그것이 기쁘다. "우리 큰아들이 정리해주었구나!"라고 엄마가 자신의 행동을 인정하며 말해주면 행복하다. 아이는 자신의 마음의 목소리('엄마는 바빠 보이니까 내가 대신 정리해야지')를 엄마가 알아준 것이라고 느낀다.

반대로 뭐든지 오냐오냐하듯이 칭찬만 하면 아이는 별로 기뻐하지 않는다. '지금 엄마는 말로만 칭찬하는 거지 진심은 아니야'라고 느낀다.

아이도 어른과 마찬가지로 행동을 인정받고 칭찬을 들으면 기쁘다. '날 알아주었구나!'라고 느낄 수 있게, 번지르르한 말이 아니라 마음속에서 우러나온 진심 어린 말을 건네야 한다. 행동을 인정하기 위해서는 일단 상대의 행동을 잘 파악해야 한다.

칭찬을 잘 못하는 엄마는 평소와는 다른 거리에서 아이를 관찰하는 것부터 시작해야 한다.

✳ 칭찬하는 타이밍을 놓치지 말고 칭찬하고 인정하는 말을 계속 건넨다.

✳ 무조건적인 칭찬은 하지 않는다. 아이의 행동을 인정하고 말로 표현해주기만 해도 된다.

배려하는 칭찬은 하지 않기

앞에서 칭찬에 인색하지 말라고 했는데, 그 이야기를 듣고 진지하고 원칙주의자인 엄마는 무조건 아이를 칭찬해야 된다며 기를 쓰고 칭찬하는 경우가 있다. 그러나 그 칭찬이 아이를 배려해서 하는 말이 되면 역효과를 낳는다.

내가 어렸을 때의 이야기이다.

친한 4총사가 있었는데 나 이외의 세 명이 릴레이 경주 연습을 하기로 했다. 나는 발이 느려서 릴레이 선수가 아니었다. 그 모습을 보던 한 친구의 엄마가 "괜찮아. 너는 머리가 좋잖아"라고 했다. 칭찬처럼 들리겠지만 나에게는 '너는 발이 느려서 안 됐다'라는 말로 들렸다. 그것은 어딘가 칭찬할 부분을 찾아 칭찬해주어야 한다는 어른의 배려에서 나온 말이었다.

또 이런 경우도 있다.

어떤 1학년 아이가 한자 연습의 벽에 부딪혔다. 그때까지 글씨를 잘 썼는데 한자가 나오니 힘들어했다. 그럴 때 옆에서 지켜보던 어른이 "대단한데? 글자를 전부 쓸 수 있구나!" 하고 칭찬해도 아이는 기쁘지 않다. 지금 그 아이가 보여주고 싶은 부분은 그것이 아니기 때문이다. "어려운 한자에 도전하다니 대단하다"라는 말이라면 기뻐했을지도 모른다. "우와, 잘했네"라고 인정해주는 어른의 진심 어린 말을 들을 때 아이는 기쁘다.

이런 부모의 사례도 있다.

운동회 달리기 경주에서 꼴찌로 들어온 A 군(6학년). 속상해서 우는 아이를 보고 A 군의 부모는 생각했다. '지금 A에게 "내년에는 더 빨리 달릴 수 있을 거야", "우리 A는 공부를 잘하잖아"라고 위로해도 귀에 들리지 않을 거야.' A 군이 잘 못하는 일을 극복하고 자신감을 가졌으면 하는 바람에서 부부는 매일 아침 A 군과 함께 셋이서 달리기를 하기로 했다.

운동 신경이 조금 모자라는 A 군. 달리기를 시작할 무렵에는 달리는 방법을 잘 몰랐다고 한다. 그러나 한 달 후, 아빠의 지도를 받고 점점 잘 뛰게 되었다. 또 체력이 점차 좋아져 마침내 축구도 시작했다. 체력도 생기고 몸이 튼튼해지며 동시에 마음도 강해졌다. 그래서 다른 도시에 있는 할머니 댁에 처음으로 혼자 다녀오기도 했다.

그리고 기다리고 기다리던 이듬해 운동회. 이때를 위해 지금까지 온 가족이 합심하여 A 군을 응원해왔다. 그런데 결과는 또 꼴찌였다.

결과를 미리 들은 나는 분명 A 군이 의기소침해 있을 것이라고 생각하고 그가 하나마루 교실에 왔을 때 "운동회 어땠어?"라고 물었다. 그러자 A 군은 "꼴찌였는데 작년보다 앞에 달리던 친구와 간격이 좁아졌어요"라고 했다. 그 표정은 예상외로 아주 밝았다.

만약 1년 전에 엄마와 아빠가 "내년에는 열심히 하면 돼"라고 위로하거나 배려에 의한 칭찬을 했다면 지금과는 달랐을 것이다. 배려하지 않고 아이가 못하는 부분을 있는 그대로 받아들이며 매일 함께 달렸기 때문에 엄마와 아빠는 A 군이 조금씩 성장하는 모습을 인정해줄 수 있었고, 가장 중요한 자신감과 자기 긍정감을 키워줄 수 있었다.

사실 주로 공부를 열심히 하고 성실한 엄마가 배려한답시고 칭찬하는 실수를 저지른다. '칭찬해야 돼, 칭찬해야 돼'라고 뭔가를 꼭 해야 한다는 생각에 사로잡혀 있기 때문이다. 칭찬할 부분을 찾아 무리하게 칭찬하려고 하면 아이는 금세 알아차린다. 억지로 배려하지 않기. 칭찬할 때는 그 점에 주의하자.

* 칭찬할 부분을 무리하게 찾아 칭찬하는 '배려에 의한 칭찬'은 역효과가 난다.
* 아이가 원하는 부분을 알아차리고 인정해주는 말을 하자.

아이의 의욕을 꺾지 않기

"어떻게 하면 아이의 의욕을 끌어낼 수 있을까요?"

이런 고민을 자주 듣는다. 원래 "이거 할래?"라고 물으면 대부분의 아이는 "좋아"라고 한다. 마음이 요동치는 것이다. 아이들은 항상 "재미있겠다!", "가보고 싶어", "저것도 보고 싶어"라며 활발하게 움직이고 호기심이 넘친다. 아이가 그런 행동을 하지 않는다면 부모가 의욕을 꺾었기 때문이다. 나는 특히 아이들이 초등학교 저학년까지는 '이 세상은 재미있는 것으로 가득하다'라고 느꼈으면 한다. 그러면 동시에 '나는 이렇게 즐거운 세상에 태어났구나' 하는 자기 긍정감을 키울 수 있다. 원래 갖고 있는 그 감정들을 지켜주는 것이 부모의 역할이다.

아이는 본래 의욕에 넘치지만 그 의욕은 아주 쉽게 꺾이기도 한다.

예를 들어 "형은 잘하는데 너는 왜 그래?"라는 말을 듣고 의욕을 느낄 수 있는 아이는 없다. 어른도 능력이 되지 않는 부분을 일방적으로 지적당하면 "그래, 해보자!"라고 긍정적으로 받아들이기가 쉽지 않다. 하물며 아이는 오죽하겠는가?

또 어떤 일에 열중하고 있는데 어른이 간섭하면 의욕이 사라진다. 사소한 일일지 모르지만 혼자 나무 블록을 전부 쌓아보려고 했는데 부모가 블록을 건네주면 갑자기 그 놀이가 하기 싫어진다. "다 놀면 정리해"라는 잔소리를 들으면 아이는 '지금 여기에 집중하고 있는데 왜 나중 일을 말하지?' 하는 생각이 들 수도 있다.

아이는 그렇게 말할 수 없으므로 이제 의욕이 사라졌다는 감정을 행동으로 보여준다. 이렇게 어른이 의도치 않게 아이의 의욕을 없애는 경우가 많다.

아이의 의욕을 끌어내려고 애쓰지 말고 꺾지 않도록 주의할 것. 엄마가 그렇게 기억해두기만 해도 아이를 대하는 방법이 바뀐다. 아이의 모습을 잘 관찰하고 의욕이 싹틀 수 있도록 도와주자.

✳ 아이는 본래 의욕이 넘친다.

✳ 의욕은 간단히 꺾일 수 있다는 점을 알아둔다.

✳ 의욕의 싹을 꺾지 않도록 평소 아이의 모습을 잘 관찰한다.

어린아이 취급하지 않기

"가만히 좀 있어!"

"몇 번이나 말해야 알겠니?"

이런 말은 초등학교 저학년까지의 아이들에게는 하면 안 된다. 가만히 있지 않고 몇 번이나 말해도 잊어버리는 것이 아이이다.

이렇게 어른들의 세계에서 당연한 일들을 아이에게 바라는 것은 올챙이에게 육지로 뛰라는 것과 같다. 즉, 의미 없는 일이다. 가정에서도, 사회에서도 아이의 시기별 특성을 이해한 후 그 특성을 살리기 위한 말을 건네야 한다.

그러나 그것은 아이를 어린아이 취급한다는 뜻은 아니다. 예를 들어 설날에 친척들이 모두 모였을 때 인사도 대충 하고 노는 아이의 모습을 보고 '어리니까 뭐'라면서 그냥 넘어가는가?
아니면 '인사는 확실히 해야지'라고 생각하고 아이에게 인사를
시키는가?

아이의 나이에 따라 다르지만 "안녕하세요?"라고 소리 내어
말할 수 있는 나이라면 제대로 인사시켜야 한다.

도덕과 예의범절의 문제이다. 인사는 이유를 막론하고 제대
로 해야 한다. 그렇게 부모가 기준을 확실히 세우자. 또 어린아
이로 취급하지 않는다면 큰 소리로 씩씩하게 인사하는 것은 아
이도 할 수 있다(앞서 예로 든 "가만히 있어", "몇 번이나 말해야 알겠
니?"는 아이가 할 수 없는 일이므로 바라지 않는다).

아이 스스로 충분히 할 수 있는 일에는 관대하게 대하지 않
아도 된다. 부모가 멋진 어른의 본보기를 보여주면서 예의범
절을 확실히 알려주자.

아이를 어린아이 취급하지 않는 가정에서는 공통적으로 부
모가 아이를 한 사람의 인간으로 존중한다.

어느 초등학교 3학년생 엄마가 있었다. 매일 하루 한 페이지
씩 숙제를 하는 딸을 보고 "매일매일 숙제를 하다니 정말 대단
하다. 엄마는 지금까지 무슨 일을 시작해도 작심삼일로 끝났

어"라고 진심으로 감탄했다. 그것도 딸 앞에서.

사실 계산 문제는 절반이나 틀렸지만 엄마의 말을 들은 딸은 사랑하는 엄마에게 인정받았다는 사실에 기뻐했다.

"숙제 다 했어?"

"잘했는지 확인할 테니 보여줘!"

이러면 아이의 자주성은 발전하지 않는다. 아이가 혼자 할 수 있는 일은 아이에게 맡겨두는 것도 부모로서 중요한 결단이다. 틀린 부분은 앞으로 스스로 알 수 있을 때까지 풀면 되기 때문이다.

✳ 아이의 특성을 알고 아이가 할 수 없는 일을 바라지 않는다.

✳ 도덕이나 예의범절에 관한 부분에서는 아이가 할 수 있는 일이라면 엄격하게 대한다. 어른과 똑같이 여긴다.

아이에게 다른 아이의 험담을 하지 않기

이 사회에는 커뮤니케이션의 규칙이 있다. 비방 중상을 하지 말 것. 친한 사이라도 지인을 욕하지 말 것. 공공장소에서 욕하며 싸우지 말 것.

그러나 집 안에서, 특히 아이가 듣는데 '아직 어리니까'라고 생각하고 의외로 아무렇지 않게 험담을 하는 사람이 있다.

험담까지는 아니어도 "걔는 어떻다더라"라고 아이에게 소문처럼 말하는 경우가 있다. 엄마의 말은 아이에게 절대적이므로 아이는 스스로 판단하기 전에 '그 아이는 ○○한 아이'라고 선입관을 갖게 된다. 그러면 아이는 커뮤니케이션을 통해 배울 기회를 잃는다.

어른이 되어 사회에 나가면 많은 사람과 부딪치며 살아간다.

사람들과의 만남에 정해진 지침은 없다. 자신의 노하우를 갈고닦으면서 사람들을 대한다. 그럴 때 어린 시절부터 다양한 경험을 쌓은 아이, 인간관계에 능숙한 아이가 역시 강하다. 주위에서 뭐라고 해도 휩쓸리지 않고 최종적으로 스스로 판단할 수 있다.

다른 아이의 험담을 하지 않는 것과 더불어 선생님의 험담을 해서도 안 된다. 아이는 항상 엄마의 말에 귀를 쫑긋 세운다. 선생님의 험담을 눈치채면 곧바로 '아, 그 선생님은 나쁘구나' 하고 생각하고 그런 태도로 선생님을 대한다.

인간적으로 신뢰할 수 없는 선생님의 말에 무조건 순종적으로 따라야 한다는 뜻은 아니다. 하지만 아이 앞에서 소문 같은 험담을 가볍게 내뱉어서는 안 된다. 아이 스스로 다양한 사람들을 만나면서 성장할 수 있도록 지켜보자.

✱ 아이는 엄마의 말에 항상 귀를 세운다.
✱ 험담을 하면 아이는 선입관을 갖고 사람을 대한다.
✱ 아이 스스로 판단하여 사람들과의 관계를 구축해갈 기회를 갖게 한다.

주저리주저리 혼내지 않기

칭찬하는 방법과 마찬가지로 엄마가 늘 고민하는 것이 아이를 혼내는 방법이다. 강연회에서 자주 이야기하는데, 아빠는 "야!" 하고 한 번 큰 소리로 혼내고 그 후에는 특별히 뭐라고 하지 않는다. 그런데 엄마는 일단 분노의 정점을 넘으면 좀처럼 화를 누그러뜨리지 못하고 계속 화를 낸다. 아이는 이런 엄마의 태도가 너무 싫다.

아이는 잘 잊어버리는 특성이 있다. 혼나도 한 시간 후에는 완전히 잊어버린다. "엄마, 배고파"라고 말하면 엄마는 여전히 화난 상태로 "뭐? 너 좀 전에 혼난 거 잊었어?"라고 한다. 아이의 눈에는 '이유는 모르겠지만 항상 화난 엄마'라는 이미지만 굳어진다. 그리고 엄마가 계속해서 화를 내면 거기에 익숙해

져서 자신이 왜 혼나는지 흘려듣는다.

엄하고 짧게, 뒤끝 없이. 이것이 훈육의 3원칙이다. 아이를 키우면서 혼내지 않을 수는 없다. 지금까지 훈육할 때 주저리주저리 길게 말했다면 오늘부터 바꾸어보자.

✱ 훈육의 3원칙은 '엄하고 짧게, 뒤끝 없이'.

✱ 주저리주저리 길게 혼내면 '항상 화내는 엄마'라는 이미지가 굳어진다.

✱ 아이는 잘 잊어버리기 때문에 그때그때 짧게 혼낸다.

운동 콤플렉스를 우습게 여기지 않기

"우리 아이는 운동을 못해. 하지만 공부는 잘하니까 괜찮아."

"엄마 아빠가 모두 운동을 좋아하지 않고 못해. 그러니 이 아이가 운동을 못해도 어쩔 수 없지."

이렇게 생각하지 않는가? 엄마에게 운동은 공부보다 우선순위가 낮다. '운동을 못한다고 문제가 될까?' 하고 방심할 수도 있겠지만 운동 콤플렉스를 우습게 여기면 안 된다.

예전에 신문에서 '물구나무서기를 못하는 것과 정신 질환의 관련성'에 관한 기사를 읽었다. '철봉을 잡고 회전하는 것에 무슨 의미가 있겠어?'라고 생각하고 물구나무서기를 못한 상태로 어른이 된 사람도 많겠지만 사실 아이들의 세계에서는 물구나무서기를 잘하고 못하는 것은 운동 신경과 직결된 매우 중대한 일이다. 운동을 잘하는 아이는 영웅이 되고 다른 친구들에게 "짱이다!"라는 칭찬을 받는다. 물구나무서기를 잘하는 것은 당연한 과제인데 주위를 돌아보니 나만 못한다면 어떨까?

아이들의 세계는 때로 심하게 잔혹하다. 뭔가 못하거나 잘하게 되기까지 시간이 오래 걸리는 상황에서 아이는 웃음거리가 된다. 놀림당한 아이는 '나만 못해'라는 부정적인 생각에 사로잡힌다. 가장 자신감을 가져야 할 시기에 운동을 못한다는 이유로 마음에 상처를 입는다. 이것이 운동 콤플렉스를 우습게 여겨서는 안 되는 이유이다.

"운동을 못해도 넌 그림을 잘 그리니까 괜찮아."

이렇게 단순한 칭찬은 아무 소용이 없다. 가족에게 인정받는 것도 물론 중요하지만 아이는 주위 친구들로부터 진심 어린 칭찬을 들으면 사회에 나가서 의욕적으로 일할 수 있는 힘을 얻는다. 그럭저럭 할 수 있는 정도로는 안 된다. 칭찬하며 키워야 한다는 배려로 칭찬해도 안 된다. 진심으로 칭찬받을 수 있는 능력을 발견해주는 것이 부모의 역할이다.

야외 체험에서 초보 아이들에게 스키를 가르쳤을 때의 일이다. 경사가 완만한 초보자 전용 슬로프에서 스스로 브레이크를 잡을 수 있게 된 아이들은 서서히 혼자 리프트에 타며 즐겁게 슬라이딩을 즐겼다. 그런데 두 번, 세 번 가르쳐도 요령을 모르는 아이가 몇몇 있었다. 그 아이들은 신기하게도 비슷한 분위기를 풍겼다. 마치 얼굴에 '나 운동 못해요'라고 쓰여 있는 것 같았다. "혼자 브레이크를 잡을 수 있니?"라고 물으면 즉시 "못해요"라고 답했다. "'난 할 수 있다!'라고 해봐"라고 해도 "할 수……"라고 힘없는 목소리가 돌아왔다.

그리고 나서 일대일 개인 지도 시간에 스키 플레이트를 누르면서 브레이크 잡는 연습을 반복했다. 조금이라도 혼자 멈추었을 때는 "잘하네!"라고 인정하는 말을 해주었다. 그러자 아이는 표정이 점점 바뀌었다. 맨 아래에 도착했을 때는 마침내 스스로 멈출 수 있었다. 그러자 그 아이는 큰 소리로 "아싸!" 하고 소리쳤다. 아마 운동을 하며 그렇게 성취감을 느낀 적이 거의 없었는지 아이는 너무나도 기뻐했다. 스키는 자전거와 비슷해서 요령만 익히면 금방 잘 탈 수 있다. 아이에게는 최선을 다한 운동이어서 그 기쁨이 배가되었을 것이다.

나는 수영이나 마라톤, 무도 등의 운동을 권한다. 수영이나

마라톤은 지구력과 끈기를 단련시킨다. 공부를 잘하는 사람의 가장 큰 장점은 끈기라고 할 수 있다. 포기하지 않고 끝까지 해내는 사람은 공부든 일이든 무엇이든 할 수 있다. 무도의 장점은 목소리를 내는 것이다. 특히 맏아들이나 외동아이는 시키는 일은 하지만 마음이 너무 약해서 투쟁심이 없다. 형과 거의 매일 싸우는 동생에게 양보하곤 한다. 그럴 때 무도를 하며 목소리를 내는 연습을 하면 심적인 부분도 단련된다. 수영, 마라톤, 무도는 전부 자기와의 싸움이며 자신의 성장을 실감할 수 있는 운동이다. 어제보다 성적이 향상되면 기쁘고 굳건한 자신감이 생긴다. 무도를 하며 급수가 올라가면 주위로부터 인정받는다는 강한 자신감이 생긴다.

운동 콤플렉스를 우습게 여기지 말자. 아이가 운동 분야에서 주위 사람들로부터 진심으로 인정받는 뭔가를 찾아주자.

✱ '물구나무서기를 못해도 공부는 잘하니까'라고 생각하지 않는다.
✱ "운동을 못해도 ○○는 잘하잖아"라고 배려하며 칭찬하지 않는다.
✱ 운동 분야에서 주위 사람들로부터 진심으로 인정받는 뭔가를 찾아준다.

5장

육아 환경을
소홀히 하지 않기

정보통에 흔들리지 않기

인간은 자신이 던진 정보를 듣고 사람들이 웃거나 "정말?" 하고 놀라는 반응을 보이면 기분이 좋다. 이것은 여자나 엄마만의 특성이 아니라 대부분의 사람이 그렇다.

그런 흐름에서 보면 세상에는 "○○라니 너무하지 않아?"라고 정보를 흘리고 싶어 하는 사람이 많다. 그들에게 악의는 없다. 하지만 남들을 놀래주고 싶은 마음에 정보의 앞뒤를 생략해버리거나 제대로 확인하지 않고 말하는 경우도 있다. 그런 주위의 '정보통' 엄마들의 말에 흔들리지 말자.

입시를 앞두고는 특히 이런 정보통 엄마들이 많아진다. 내 아이의 인생이 달린 문제이므로 엄마들은 필사적으로 정보를 모으는데, 그 양이 점점 늘어나 각 학교에 대한 정보를 꿰뚫고 있다. 정보량이 많으므로 비교할 대상도 많고 "거기보다 여기는 ○○가……"라고 구체적인 말들이 나온다. 그러면 정보를 듣는 사람은 귀가 더욱 팔랑거린다. 또 이야기를 듣고 있으면 더 좋은 학교를 지향하게 되는 경향도 있다.

사실은 A를 사려고 했는데 비교한 사람의 말을 들으니 가격이 비싼 B나 C가 눈에 띄고 그 순간, 눈앞에 있던 A의 가치를 무시하게 되는 느낌과 비슷하다.

입시를 앞두고 심사숙고해서 결정한 지망 학교보다 편차가 큰 학교가 좋다는 이야기를 들으면 점점 그쪽으로 마음이 기울고 처음에 정한 학교는 만족스럽지가 않다.

정보통 엄마의 이야기에 흔들리기 쉽다는 사실을 알아두기만 해도 상황은 달라진다. 눈앞에 있는 내 아이를 보고 엄마가 느끼고 선택한 것이 그 아이에게는 최고의 결정이다.

✳ 정보에 휩쓸리면 원래 결정한 것보다 우위에 있는 것이 좋아 보이는 법이다.
✳ '정보통' 엄마의 이야기보다 자신이 느끼고 선택한 결정을 믿는다.

인터넷 정보를 맹신하지 않기

중학교 입시를 끝낸 부모를 대상으로 한 설문 조사에서 '입시를 준비할 때, 필요 없다고 느낀 것'을 물었더니 1위가 인터넷 정보, 2위가 입소문이었다. 인터넷 정보를 너무 믿지 말 것. 이것이 현대를 살아가는 엄마들의 필수 마음가짐이다.

2차 정보가 된 시점에서는 당연히 이야기가 과장되어 퍼지기 마련이다. 또 인터넷이라는 익명의 세계에는 점점 악의가 생긴다. 실제로 시험에 합격하여 입학한 후 선생님의 이야기를 들으면 인터넷에서 얻은 정보와 완전히 다른 경우가 많다.

지망 학교를 선택할 때는 엄마가 직접 발품을 팔아 그 학교의 교장에 관한 정보를 마음의 눈으로 보아야 한다. 믿을 수 있는 선생님인지, 아이를 맡기고 싶은 생각이 드는지 따져보자.

엄마는 아이에 관한 일에는 모든 감각이 발달되어 있기 때문에 그 감각을 구사하여 얻은 정보가 잘 모르는 사람이 말한 정보보다 훨씬 훌륭하다.

하지만 요즘 시대에 엄마가 혼자 발품을 팔아 정보를 얻기란 사실 어려운 일이다. 그러므로 엄마 본인이 신뢰할 수 있는 정보를 조금씩 가지치기하기만 해도 다른 사람들의 말에 흔들리지 않는다.

예를 들어 지망 학교에 아이를 보낸 부모에게 직접 이야기를 듣는 것은 신뢰도가 높다. 인터넷 정보라도 익명이 아니라 실명으로 공개된 것, 그 정보를 쓴 사람이 출판한 책을 읽고 공감하는 부분이 많다면 참고할 만하다고 판단할 수 있다. 화면상에서 보면 그런 정보도, 익명의 입소문도 별반 차이가 없어 보일 수 있지만 실제로 보면 완전히 다르다.

눈을 보면서 사람과 이야기하고 자신의 감각을 통해 얻은 생생한 정보를 소중히 여기며 믿을 수 있는 정보의 내용을 조금씩 좁혀가자. 인터넷 사회이므로 정보를 덥석 물지 말고 잘 다루는 요령을 익혀두자.

✽ 학교를 선택할 때는 교장의 식견을 마음의 눈으로 보고 판단한다.

✽ 생생한 정보가 가장 중요하다.

✽ 인터넷은 신뢰할 수 있는 정보의 내용을 조금씩 좁혀가며 활용한다.

불분명한 표현은 사용하지 않기

커갈수록 점점 두각을 나타내는 아이의 특징이 무엇이냐고 물으면 나는 '가정에서 제대로 된 말을 사용하는 것'이라고 답한다. 가정에서 올바른 표현을 쓰는 것, 그것이 역시 최고이다.

공부를 하다 보면 그 아이의 어휘력, 즉 말 한 마디가 나타내는 정의나 의미, 그 말을 들었을 때 연상되는 이미지를 파악할 수 있는지에 따라 실력의 차이가 생긴다. 예를 들어 '평행사변형의 마주 보는 각이 같음을 증명하라'라는 문제가 있을 때, 무엇을 묻고 있는지 파악하지 못하는 아이는 '당연한 것을 왜 물어?'라고 생각한다. 그러나 그렇지 않다. 평행사변형은 '마주 보는 두 쌍의 변이 서로 평행인 사각형'이며 이것은 정의이므로 외워야 한다. 하지만 '마주 보는 두 쌍의 각의 크기는 각각 같다'는 정리이다. 그래서 평행선에 보조선을 긋고 두 삼각형을 만들어서 같은 각도, 같은 길이라고 합동을 나타낸 후 마주 보는 각의 크기가 같다고 증명해야 한다. 정의와 정리의 차이를 모르면 무엇을 증명하면 되는지 문제를 풀 수 없다. 국어라면 더욱 어휘력의 차이가 실력의 차이로 나타난다. 말 한 마디의 의미를 파악할 수 있느냐의 여부로 입시 합격이 결정되기도 한다.

아이들의 장래를 생각해보면 입시 합격부터 시작해 모든 것이 전부 어휘력으로 좌우된다. 말에는 두 가지 방향성이 있다. 하나는 엄밀하고 정확하게 사용하기, 또 하나는 다채롭고 매력적으로 사용하기이다. 정확한 표현과 매력적인 말투를 사용하여 '왠지 이 사람이 말하면 시간 가는 줄 모르고 빨려 들어간다'는 느낌을 주는 것이 사회생활에서는 중요하다. 그런 능력은 모두 가정의 문화에서 생긴다.

만약 가정에서 애매한 표현이 판을 치면 어떻게 될까? 예를 들어 맥락도 없이 '그건 그렇고'라고 말을 꺼내는 엄마. "그건 그렇고, 아빠는 늦네"라고 하지 않는지 생각해보자. 그럴 때는 그냥 "아빠는 늦네"라고 해도 된다. 세상에는 그런 잘못된 표현이 엄청 많다. "이것은 감자가 되겠습니다"라는 말도 잘못된 예로 자주 언급된다. "감자면 감자지, 감자가 되는 건 뭐야?"라고 지적할 수 있는 가족도 있지만 왜 잘못된 표현인지 모르는 가족은 아무리 봐도 이해하지 못한다. 불분명한 표현을 자제하고 말에 엄격한 가정에서 어휘력은 발전한다.

* 아이들의 장래를 생각하면 최고의 무기는 말이다.
* 말을 엄밀하고 정확하게 사용하는 것과 매력적으로 사용하는 것 모두 중요하다.
* 말의 힘은 가정에서 생긴다. 평소에 불분명한 표현을 허락하지 않는 문화를 만든다.

편리한 도구를 너무 많이 주지 않기

옛날과 비교하면 요즘은 정말 편리한 시대이다. 전기, 가스, 수도를 비롯하여 식기 세척기, 살균 기능이 있는 이불 건조기도 있고 24시간 영업하는 슈퍼마켓이나 편의점에 가면 대부분의 물건을 살 수 있다.

그러나 그것이 꼭 좋기만 할까? 사실 아이들을 교육할 때 불합리나 불편함은 꼭 필요한 요소이다. 아이의 능력을 이끌어내려면 쾌적한 환경을 제공하지 말아야 한다. 받침대를 놓고 기어올라야 하거나 손을 뻗치면 겨우 답에 이르는 등 힘든 경험이 적당히 필요하다. 무엇이든 손이 닿는 곳에 있으면 아무것도 생각할 필요가 없어진다. 사람은 어려운 환경에 놓여야 그것을 극복하기 위해 어떻게 해야 할까 계속 고민한다. 그리

고 좋은 아이디어가 떠올랐을 때의 기쁨, 깨달은 순간의 환희
가 사람을 성장시킨다. 퍼즐을 맞히다가 '알았다!' 하고 번뜩이
는 순간과 비슷하다. 이 깨달음의 기쁨을 알면 공부뿐 아니라
인생의 전부가 너무나도 즐겁다. 불편함은 교육에서 중요한
과제이다.

검색도 마찬가지이다.

요즘은 스마트폰으로 검색하면 바로 알 수 있는 시대이지만
종이 책을 뒤져가며 검색하는 경험도 중요하다. "전자사전, 종
이 사전 중 어느 쪽이 좋나요?"라는 질문을 받는데 각각의 장
점이 있으므로 적절히 잘 사용하는 것이 가장 좋다. 예를 들어
입시 기간에 학습량이 많을 때는 쉽게 찾을 수 있는 전자사전
을 옆에 두고 공부하면 효과적이다. 그러나 시간적 여유가 있
을 때는 종이 사전을 사용하면 생각지 못했던 지식을 얻을 수
있다. 아이가 사전을 꺼내 보기를 바란다면 부모가 직접 사전
을 찾아보는 방법이 최고이다. 종이 책을 뒤져 검색하는 사람
은 지적 호기심이 왕성한 사람이다. 즉, 어휘력이 자라는 즐거
움을 안다는 증거이므로 꼭 적극적으로 시도해보기를 바란다.

불합리나 불편함이 꼭 나쁘지만은 않다. 오히려 아이의 사고

력을 발전시키는 기회로 받아들이자. 편리한 도구만 주지 말고 어떤 환경에서도 생각하는 것을 즐길 수 있도록 부모가 행동으로 보여주자.

✱ 사람은 불합리하거나 불편한 환경에 놓이면 계속 생각한다.

✱ 편리한 도구를 너무 많이 주지 않는다. 쾌적하지 않은 환경도 중요하다.

✱ 전자사전과 종이 사전을 적절히 잘 사용한다. 부모가 먼저 종이 사전으로 찾는 모습을 보여준다.

친구 같은 부모가 되지 않기

엄마가 아이와의 관계를 형성할 때 친구 같은 관계가 되지 않도록 한다. 친구 같은 부모 자식 관계에 대해 주의해야 할 점이 두 가지 있다.

첫째는 부모가 아이를 혼내지 않는 관계이다. 예전에 한때 이해심 많은 부모 밑에서 문제아들이 많이 발생한 적이 있었다. '인간은 평등하다'라는 가치관이 침투하여 부모와 자식은 평등한 관계이므로 부모가 일방적으로 아이를 혼내지 않아야 한다는 풍조가 퍼진 결과였다. 그때는 잘 이해해주는 부모, 뭐든지 아이의 의견을 존중하는 부모가 유행했고 부모 자식 관계가 친구 관계 같았다.

아이는 자립하기 위해 부모에게 기준을 요구한다. '여기까지는 괜찮을까?', '이런 말을 하면 혼날까?'를 염두에 두고 점점 행동 영역을 넓혀간다. 그러다가 혼나면 '아, 이러면 안 되는구나' 하고 이해한다. 그러나 부모가 아이 마음대로 하게 두면 건방지고 친구가 없는 사람이 된다. 그것은 장차 그 아이를 위한 일이 아니다. 부모와 자식은 친한 관계가 아니라 명확히 구분되어야 할 관계이며 선을 그어야 할 부분에서는 단호하게 말하는 것이 중요하다.

둘째는 엄마가 아이에게 아빠의 험담을 하는 관계이다. 엄마는 친구에게 불평하는 느낌으로 집안의 대화 상대인 아이에게 아빠의 험담을 한다. 무의식적으로 그런 행동을 한 적은 없는지 생각해보자.

포유류 가족은 엄마를 중심으로 돌아간다. 아이에게 엄마는 위대한 존재이다. 아이에게 가장 많은 영향을 미치는 엄마가 아빠를 욕하면 당연히 아이도 아빠를 싫어한다. '우리 아빠는 나빠' 하고 건방진 태도로 아빠를 대한다.

예전에 "부부 사이가 좋지 않아요. 남편은 돈을 벌어 오기만 할 뿐이지요. 솔직히 없어도 된다고 생각해요"라고 한 엄마가 있었다. 그런 말을 아이가 들으면 '부부란 무엇일까?'라고 생각할 것이다. 아이의 결혼관을 좌우하는 말이기도 하다. 불만을 듣고 기뻐할 아이는 없으며 아이의 미래에 좋은 영향이 하나도 없다. 그러므로 엄마 스스로 조심하고 아이 앞에서 불평을 하지 않도록 주의해야 한다.

하나마루 학습회의 어느 직원의 이야기이다. 그가 초등학교 고학년 때 부모님이 자주 싸웠다고 한다. 그 전에 한 번 부모님의 이혼을 경험한 그는 걱정이 되어 어쩔 줄을 몰랐다. 그래서 아빠가 없을 때 엄마에게 물었다. "엄마는 아빠를 어떻게 생각해?" 그러자 엄마는 의외의 대답을 했다. "저렇게 보여도 실은 착해. 의지도 되고." 엄마의 말에 그는 안도했다. 성인이 된 지금도 또렷이 기억한다고 했다.

그리고 그는 엄마의 말을 아빠에게 몰래 전했다. 아빠는 아무렇지 않은 듯했지만 진심으로 기뻐하는 모습이었다고 한다. 아빠도 사실은 기분이 좋았을 것이다. 그리고 나서 부모님은 부부 싸움을 하지 않았다. 그뿐 아니라 그는 엄마의 한마디를 계기로 아빠를 존경하게 되었다고 한다. 엄마의 한마디가 온 가족을 행복하게 만든 사례였다.

＊ 아이는 기준을 요구하는 존재이다. 때로는 확실히 혼내주기를 바란다.

＊ 아이는 친구가 아니다. 아빠의 형답을 해서 하나도 좋을 일이 없다.

모르는 문제를 그대로 두지 않기

엄마들은 아이가 성적이 올랐으면, 학습 능력을 길렀으면 하고 바란다. 그럼 구체적으로 무엇을 하면 좋을까?

"우리 아이는 문제를 많이 푸는데 성적이 오르지 않아요"라고 고민하는 엄마도 있는데 혹시 모르는 것을 그대로 두지는 않는지 살펴보아야 한다. 모르는 문제를 그대로 두고 학습량만 늘리면 모르는 부분이 점점 많아질 뿐이다.

중요한 점은 양이 아니라 모르는 부분에 초점을 두고 그것을 확실히 이해할 때까지 파고드는 자세이다. 그런 공부 방법을 실천할 수 있으면 아이는 앞으로 발전할 수 있다.

모르는 부분에 초점을 둔 학습법을 실행할 수 있는 시기는 개인차는 있지만 초등학교 고학년부터이다. 틀린 문제를 왜 틀렸는지 생각하고 직접 써서 남겨둔다. 같은 문제라도 답을 보지 않고 끝까지 풀 수 있을 때까지 계속 반복해서 푼다. 그 착실한 작업을 꾸준히 진행하면서 요점이 무엇이었는지 써둔다. 그것을 반복한다.

모르는 점을 그냥 넘어가지 않는 자세는 공부할 때뿐 아니라 사회에 나간 후에도 도움이 된다. 마음속에 위화감이 생기지 않는다.

고개를 갸웃하게 되는 문제가 있으면 그대로 두지 말고 멈추어서 어떻게 하면 좋을지 생각한다. 그러면 실수도 줄고 그동안 지나쳐온 부분에서 새로운 뭔가를 발견할 수 있다.

'모르는 문제를 그대로 두지 않기', 그것을 습관으로 삼자.

✱ 많은 문제를 풀기보다 모르는 문제를 그대로 두지 않는 습관이 앞으로 발전할 수 있는 비결이다.

✱ 일상생활에서 위화감이 드는 일을 그대로 넘어가지 않는 것이 중요하다.

무턱대고 사주지 않기

아이에게 뭔가를 사주는 부모의 마음은 두 가지이다. 하나는 아이의 웃는 얼굴을 보고 싶어서이다. 특히 부모가 되면 아이가 웃을 때 행복하다. 그래서 슈퍼마켓이나 편의점에 간 김에 아이가 갖고 싶어 하는 물건을 사준다.

또 하나는 아이가 시끄럽기 때문이다. 조용히 해야 할 때 우는 아이를 달래기 위해 사준다. 두 경우 모두 부모로서 경험한 적이 있을 것이다.

그러나 아이가 갖고 싶어 한다고 해서 다 사주면 안 된다. 그 것은 오랜 옛날부터 내려오는 말이다. 진정한 행복은 물질에 있지 않다. 특히 요즘은 그런 가치관을 배워야 하는 시대이다.

엄마는 본능적으로 아이가 힘들어하는 모습을 보고 싶어 하지 않는다. 그래서 '저렇게 갖고 싶어 하는데……'라며 사주고 싶은 마음이 든다. 하지만 이때 누군가 다른 사람이 "그렇게 다 사주면 안 돼"라고 말하면 순순히 따르는 것이 좋다.

또 반대로 엄마는 사주지 않아도 아이가 할아버지, 할머니에게 말하면 무엇이든 사주는 경우도 있다. 아이는 '내가 갖고 싶다고 하면 뭐든지 사준다'라고 생각할 수도 있는데 그런 환경은 매우 좋지 않다.

내가 본 은둔형 외톨이 중에는 어린 시절에 이것저것 다 가진 사람이 많다. 간절히 원해도 얻을 수 없는 경험이야말로 귀중한 자산이다. 부모가 그 가치를 알고 주위 어른에게도 이 아이의 장래를 망치고 싶지 않다며 자신의 가치관을 확실히 말해두어야 한다.

또 아이에게도 "너를 위해 사주지 않을 거야"라고 명확히 말해두자. 그 결심이 흔들리지 않으면 사주지 않는 것의 중요성이 전해질 것이다.

✳ 어떤 경우라도 사주지 않는다. 원해도 얻지 못하는 경험은 귀중한 자산이다.

✳ 엄마가 사줄 것 같은 생각이 들면 주위의 조언을 듣는다.

✳ 엄마 이외의 사람이 사주는 경우에는 가정의 방침을 정해둔다.

✳ 아이에게도 '너를 위해 사주지 않는다'는 방침을 말한다.

아이의 방에서 공부시키지 않기

'아이가 초등학교에 들어가면 책상을 사주고 아이의 방에서 공부시켜야 한다.'

이런 고정관념을 가진 사람도 있다. 공부는 아이의 방에서 시켜야 성적이 오른다고 생각하는 것이다.

아이의 성격과 나이에 따라 다르지만 나는 아이가 부모 옆, 거실의 테이블에서 공부하는 것을 권한다. 특히 공부 습관이 생기기 시작하는 초등학교 저학년까지는 더욱 아이의 방보다 거실의 테이블이 좋다. 모르는 문제가 있으면 엄마에게 금방 물어볼 수도 있다.

도서관에서 공부하면 술술 잘되듯이 집중하는 사람 옆에 있으면 의외로 혼자 있을 때보다 의욕이 생긴다. 또 공부는 특별한 것, 자기 방에서 집중해서 해야 하는 것이라기보다 생활 속에서 자연스럽게 하는 것, 당연한 것이라고 생각하는 데에도 도움이 된다.

물론 아이의 방이 하는 역할도 있다. 사춘기에 부모에게 비밀이 생겼을 때, 아무에게도 말할 수 없는 기분을 일기에 써두었을 때 등, 그런 시기는 아이만의 방이 있으면 큰 도움이 된다. 그러므로 아이의 방을 없애자는 뜻은 아니다.

요점은 '공부는 자기 방의 책상에서 하는 것'이라는 생각을 없애고 아이의 입장에서 지금 어디에서 공부해야 가장 효과적인지 생각해주는 것이다. 옆에서 툭툭 등을 두드리며 공부하는 자세를 고쳐줄 필요가 있다면 거실의 엄마 옆자리가 좋다. 어느 정도 스스로 공부할 수 있지만 혼자 있으면 나태해질 때는 엄마가 건너편 자리에 앉아 같은 공간에서 각자의 일에 집중하는 환경이어도 괜찮다. 정답은 하나가 아니다. 아이의 시기에 맞는 공부 스타일을 함께 찾아보자.

✱ 공부는 자기 방의 책상에서 하는 것이 가장 좋다는 고정관념을 버린다.

✱ 아이의 시기에 맞는 학습 환경을 마련해준다.

남편과의 대화를 포기하지 않기

"우리 아이는 내 이야기를 끝까지 듣지 않아요."

이렇게 고민하는 엄마의 말을 들어보면 엄마 본인이 아빠(엄마에게는 남편)의 이야기를 끝까지 듣지 않고 화를 내거나 포기하거나 한숨짓는 경우가 있다. 2장에서도 언급한 '엄마가 하지 않는 일을 아이에게 요구하지 않기'와도 연관된다. 아이는 가장 가까이에 있는 엄마의 모습을 생각 이상으로 잘 관찰한다.

엄마는 '남편과의 대화를 포기하지 말라'는 말을 귀가 아프도록 들었을 것이다. 여자는 단지 자신의 이야기를 들어주었으면 하는데 남자는 논점을 찾고 결론을 내리려고 한다. 이야기에 모순이 있으면 그것을 지적하며 "아까는 이렇게 말했잖아!", "그래서 어떻게 하고 싶다는 거야?"라고 따지는 말투로 말한다. 안절부절못하는 여자는 결국 "됐어. 당신하고는 말하고 싶지 않아"라며 대화를 포기한다. 남자는 이제 겨우 대화가 무르익기 시작했다고 생각했는데 갑자기 '뭐지?' 하고 당황한다. 이것은 정말 자주 볼 수 있는 광경이다. 대화하고 싶던 내용은 이도 저도 아니게 된다.

요즘은 지역 사회가 붕괴되고 핵가족이 늘어난 시대이다. 또 인터넷도 급속히 발전했다. 이런 시대를 살아가는 아이들이 사람과 사람 사이의 커뮤니케이션 능력을 어떻게 익힐 수 있을까 하는 과제는 계속 문제시되고 있다.

말로 설명하지 않아도 지금 눈앞에 있는 사람과의 소통은 매우 중요하다. 그 사실은 다들 익히 알고 있다. 아이에게 가장 가까운 사람인 부모가 서로 소통하는 모습은 아주 큰 영향력을 지닌다. 그런데 그 대화가 항상 한쪽이 납득하지 못한 상태로 끝난다면 아이는 '사람과 사람의 커뮤니케이션이 이런 것인가?' 하고 가볍게 볼 수도 있다. 때로는 의견이 부딪쳐도 대화로 풀어나가고 서로 이해하는 중요성을 느끼게 하기 위해서라도 아내가 남편과의 대화를 포기해서는 안 된다.

그럼 구체적으로 남편과의 대화를 포기하지 않으려면 어떻게 해야 할까?

남자는 이야기를 들어주고 고개를 끄덕이며 공감해주기를 바라는 여자의 특성을, 여자는 의논하기를 좋아하고 반박하고 싶어 하는 남자의 특성을 이해하며 서로 맞추어 걸어갈 수밖에 없다.

또 말로 대화가 잘되지 않으면 편지나 메시지를 써서 서로 냉정하게 문제를 바라보는 방법도 있다.

인생은 사람들과의 인연에 행복을 느끼면서 사는 것이다.

때로는 남들과 부딪치는 경우도 있지만 대화로 서로 알아가야 한다. 그러므로 남의 이야기를 듣지 않는 자세는 좋지 않다. 그런 점은 말보다 어른이 몸소 보여주면서 아이에게 가르쳐주자.

✳ 남편과의 대화를 포기하지 않는다. 대화를 포기하면 서로 이야기하고 알아가는 것이 중요하다는 사실을 아이에게 가르쳐줄 수 없다.
✳ 남자와 여자, 각각의 특성을 서로 이해하고 대화를 이어나간다.

부정적인 말을 입버릇처럼 하지 않기

말의 힘은 어마어마하다. 말은 사람의 가치관을 형성한다. 엄마에게 맞은 일은 기억하지 못해도 그때 엄마가 뭐라고 말했는지를 기억하는 사람도 있다. 한번 내뱉은 말은 주워 담을 수 없으며 계속해서 그 사람의 마음속에서 되풀이된다.

엄마가 아이에게 어떤 말을 하느냐는 아이의 성장에 매우 중요하다. 부정적인 말만 일삼으면 아이도 부정적으로 생각한다. 잘못만 지적하면 '나는 못해'라는 인식에 사로잡힌다. 그리고 그것은 평생 그 아이의 마음속에 자리 잡는다. 엄마에게는 아무것도 아닌 일이라도 아이는 민감해지고 부정적으로 받아들이는 경우도 있다. 예를 들어 친구에게 편지를 받았을 때, "어머, A는 벌써 글씨를 쓸 줄 아는구나?"라는 엄마의 비교. 친척끼리 대화하다가 누나보다 남동생을 이야기할 때 상기되는 엄마의 목소리. 친구에게 전화하며 "B가 태어나고 집이 좁아져서 이사 가야겠어"라고 선뜻 튀어나온 엄마의 말. 엄마 스스로는 깨닫지 못한 부분이라도 거기에 부정적인 생각이 들어가면 아이는 민감하게 알아차린다.

또 엄마는 "몇 번이나 말해야 알아듣겠어?"라는 말을 자주 한다. 몇 번 말해도 잊어버리는 것이 아이이다. 초등학교 고학년이 되고 나서도 과거의 잘못을 들춘다면 기분 좋을 아이는 없다. 엄마가 이런 부정적인 말을 입버릇처럼 하고 있지는 않은지 깊이 생각해보자.

하나마루 학습회의 수업 후, A 양(1학년)의 엄마와 이야기했을 때의 일이다. A 양이 갑자기 엄마의 등에 뛰어들어 "아직 학교 숙제를 못 했어"라고 했다. 엄마가 "그럼 집에 가서 해야겠네"라고 하자 A 양은 "아앙~" 하고 애교를 부렸다.

그러자 엄마는 "어쩔 수 없잖아. 밤에 하기 싫으면 학교에서 오자마자 하나마루에 가기 전에 끝내면 어때?"라고 했다. A는 "그렇게 해야 해?"라고 물었다. 그다음 엄마의 말이 인상적이었다. "선택은 네가 하렴." 그러자 A는 방긋 웃었다.

그 후, A 양은 집에 오자마자 바로 숙제를 하는 날이 늘었다고 한다.

어렵게 생각할 필요 없다. 단지 필요 이상으로 신경질적으로 말하지 않으면 된다. 아이를 혼내도 그 행동의 밑바닥에는 '엄마는 너를 사랑해'라는 마음이 있으면 된다. 가끔 부정적인 말을 사용했다고 생각되면 그 이상으로 긍정적인 말을 해주면 된다. 간단한 방법이 있다. 하루의 끝을 부정적인 감정으로 마무리하지 않는 것이다. 반드시 "오늘도 즐거웠지? 기쁜 일이 많았어"라고 아이와 함께 좋았던 일을 떠올리며 잠들자. "괴로운 일이 있더라도 그것은 네가 성장하기 위한 하나의 경험이야"라는 말을 해줄 수 있다면 얼마나 좋을까? 엄마가 오늘 부정적인 말을 했다고 생각하는 날은 특히 더 반성하자. 엄마도 말이 가진 힘으로 새로운 하루를 긍정적으로 맞이해보자!

✱ 말의 영향력은 매우 크다. 아이에게 부정적인 말을 내뱉지 않는다.

✱ 하루의 끝은 "오늘 하루 좋았어"라고 긍정적으로 마무리한다.

6장

남자아이를
이해하려고 하지 않기

아이에게 점잖은 태도를 바라지 않기

남자아이는 엄마에게 다른 생물이다.

우선 남자와 여자라는 깊은 골이 있고 어른과 아이라는 차이도 있다. 나는 엄마들에게 "남자아이는 장수풍뎅이라고 생각하세요"라고 자주 이야기한다. 그 말은 자신과는 완전히 다른 생물을 관찰한다는 느낌으로 대하라는 뜻이다. 장수풍뎅이에게 모퉁이를 오르내리지 말라고 혼내봐야 아무 의미가 없다. 마찬가지로 남자아이에게 뛰어다니지 말라고 혼내도 아이는 듣지 않는다.

엄마는 고민하겠지만 어린 남자아이는 성인 여자로부터 "그만해!"라는 말을 듣는 것을 특히 좋아해서 반복하는 경우가 있다. 어른이 흠칫하는 반응을 즐기며 "응가! 찌찌!"라고 외친다.

엄마는 거기에 도저히 공감해줄 수 없다. 얌전하게 자란 엄마는 마음속으로 '제발 그만해'라고 바란다.

그러나 집단생활을 시작하면 그런 말을 습득하게 되기 마련이고, 그것도 성장 과정의 하나이다. 공감은 하지 않아도 되고 절대로 긍정할 필요도 없다. 예를 들어 아이가 "죽어버린다!"라는 말을 하면 "엄마는 그런 말 하는 거 싫어해"라고 단호하고 분명하게 말해야 한다. 그 엄한 분위기는 아이도 느낀다. 물론 어리기 때문에 다음 날에는 잊어버리고 또 같은 말을 하기도 하지만 어른은 그때마다 반복해서 기준을 알려주어야 한다.

남자아이는 허세를 부리는 기질도 있다. 이것은 남자아이의 먼 훗날을 생각하면 나쁜 일만은 아니다. 이런저런 말이 앞서고 책임지는 경험을 해봐야 이 험한 세상을 헤쳐나가 혼자서도 살아갈 수 있기 때문이다.

남자아이는 얌전하지 않고 활발하고 시끄러울 때가 많다. 남자아이의 특성을 알고 관찰 일기를 쓰는 마음가짐으로 대하자.

✻ 남자아이는 장수풍뎅이처럼 완전히 다른 생물이라고 생각하고 대한다.

✻ 엄마가 절대로 허락할 수 없는 기준을 명확히 알려주고 아이가 정찰하기를 바라지 않는다. 그렇게 하면 남자아이는 성장해간다.

산만한 태도를 걱정하지 않기

"우리 아이는 산만해요."

당연하다. 남자아이는 산만한 생물이기 때문이다. 남자아이가 침착하면 오히려 "오늘 무슨 일이 있었나?" 하고 걱정해야한다. 그동안 수많은 아이를 봤지만 모든 산만한 아이가 건전하게 자랐다. 이것은 유아의 특성이며 단점이라 해도 고쳐야하는 부분이 아니다.

분명 어른의 시점에서 보면 이상하다. 식당 같은 공공장소에서는 조용해야 하므로 산만한 아이의 행동은 눈에 더 띄고 그부모는 얼굴을 들 수가 없다. "부탁이니까 가만히 있어"라고 타이르지만 유아의 특성이므로 어쩔 수 없다고 생각하고 어느 정도 넘어가 주는 것이 좋다. 또 무조건 조용히 시키는 것이 아니라 부모가 능숙하게 대처하여 도가 지나친 장난을 하지 않도록 하는 방향으로 생각을 바꾸기만 해도 부모와 아이 모두 꽤 편해진다.

산만한 태도를 걱정하는 이유는 주위의 눈이 있기 때문이다. 아무리 엄마가 '남자아이는 산만하다'라는 특성을 알아도 어린이집이나 유치원, 초등학교 친구들의 엄마로부터 '저 아이는 가정교육도 못 받았나?'라는 시선을 받을까 봐 두렵다. 엄마들끼리 서로 지켜보기 때문에 어쩔 수 없이 "가만히 좀 있어!"라고 잔소리를 하게 된다. 그러나 어른의 잣대에서 '지금처럼 크면 안 되는데……'라고 생각하는 그 모습이 유아의 건전한 모습이다. 주위 엄마들의 시선을 걱정하면서도 "우리는 이런 방식으로 아이를 키워"라고 솔직하게 이야기할 수 있는 엄마 친구가 한두 명 있으면 엄마도, 아이도 편하게 놀 수 있다. 남자 형제가 있는 엄마는 남자아이라는 생물에 대해 달관했기 때문에 "남자아이는 그래"라고 서로 공감할 수도 있다.

하나마루 학습회의 아이들은 주체적으로 바른 자세를 취하려고 한다. 90분 수업 중에 바르게 앉아야 할 타이밍이 많고 주위의 어른들이 즉각 주의를 주기 때문이다. 어린아이들이 계속 바른 자세로 앉아 있기는 힘들지만 예쁘게 앉아 있어야 할 때 그렇게 할 수 있으면 된다. 그리고 어른의 여유로운 마음도 중요하다. "가만히 있어", "예쁘게 앉아"라고 혼내봐야 효과가 오래가지 않지만 어른이 옆에서 바른 자세로 앉아 있는 모습을 보여주거나 말투를 홍겹게 바꾸기만 해도 아이는 즐겁게 받아들인다.

A 군(1학년)은 자리에 가만히 앉아 있지 못하고 교실을 돌아다니는 아이였다. 처음에는 제대로 앉아 수업을 들으라고 엄하게 말한 적도 있다. 그래도 A는 일어나서 돌아다녔다. 그 후, 얼마 안 되어 A 군이 학교에 친구도 없고 유치한 행동으로 같은 반 친구들에게 놀림당한다는 사실을 알았다.

그래서 A 군의 엄마와 상담했다. 일단 A 군이 하나마루 학습회 교실에서 안심할 수 있도록 하기 위해 억지로 자리에 앉히지 않고 지켜보기로 했다. 그러자 많은 일이 생겼다. 우선 A 군은 교실을 돌아다닐 때 미소가 빛나 보일 정도로 매우 생기 있는 표정이었다. 교실에서 친구가 생겼기 때문이다.

2학기에 들어갈 무렵, "A에게 학교 친구가 생겼어요!"라고 기뻐하는 엄마의 이야기를 들었다. 그때까지 옷이나 연필을

무는 버릇 때문에 몇 번이나 주의를 주었는데 그 버릇도 없어졌다.

3학기가 되자 조금씩 침착성과 집중력이 생긴 A 군은 서서히 자리에 앉게 되었다. 그리고 잊을 수 없는 1학년 마지막 수업 날. 처음으로 모두 앉아 수업을 들었다. "끝까지 앉아 있었네?"라고 하자 A는 씩 크게 웃었다.

A 군의 성장 뒤에는 항상 부모님이 있었다. 산만하다고 고민하지 않고 A 군이 자신만의 속도로 성장한다고 믿고 지켜보았기 때문이다. 있는 그대로의 모습으로 사랑받는 A 군은 앞으로도 행복할 것이다.

어릴 때 산만했던 아이들도 모두 멋진 어른이 된다. 엄마는 어떻게 하면 아이가 잘 자랄지 그 생각으로 머릿속이 가득 차지만 미래를 눈여겨보고 때로는 '걱정하지 말자'는 선택도 해야 한다.

✱ 남자아이는 산만하다. 아무리 타일러도 듣지 않는다.

✱ 주위의 시선이 걱정되어 혼내지 말고 '남자아이는 그런 존재'라고 공감하는

엄마 친구를 찾는다.

관여할 수 없는 부분에는 무리해서
간섭하지 않기

부모라도 아이의 세계를 100퍼센트 이해해줄 수는 없다. 자신과 성별이 다른 아이라면 더욱 그렇다. 머리로는 이해해야 한다고 생각하는 엄마는 '뭐든지 이해해야 돼!'라고 스스로를 압박하고, 이해하지 못하는 부분이 생기면 고민하는 경우도 많다. 참 안타까운 일이다. 자신과 다른 생물에게 이해할 수 없는 부분이 있는 것은 당연하다. 이 사실을 알아두기만 해도 고민이 조금은 사라지지 않을까?

여자들은 이해하지 못하겠지만 남자아이들의 세계에서는 저급한 행동을 하는 아이가 인기가 많다. 유아기부터 그 차이는 확연히 눈에 띈다. 6세 반 아이들에게 "'또'이 들어가는 말에는 무엇이 있을까?"라고 물으면 "똥꼬요! 또옹꼬!" 하고 외치는 남자아이가 꼭 있다. 다른 남자아이들은 "와하하" 웃고 여자아이들은 그들을 냉담하게 바라본다. 자주 볼 수 있는 모습이다.

남자들끼리 모이면 서로 먼저 엉뚱한 행동을 하려 하거나 사람들을 웃기려고 나선다. 거기에 가치를 둔다. 남자아이다운 모습이다. 또 위험한 일도 서슴지 않는다. "다쳐!", "위험해!"라는 말을 들어도 아슬아슬하게 높은 곳에서 노는 것이 멋있다. 그렇게 할 수 있는 남자아이는 영웅이 된다. 엄마는 불안하다. 그러나 남자아이들의 세계를 경험하지 않으면 아이는 부모와 떨어져 독립했을 때 갑자기 낯선 세계에 던져져 허우적댄다.

'관여할 수 없는 부분이 있을 때 무리해서 간섭하지 말아야 한다'고 하면 아빠들은 대부분 납득하고 그 말을 따른다. 하지만 엄마들은 지적받지 않으면 의외로 주의하지 않는다. 엄마는 아이에 대해 뭐든지 안다(몰라서는 안 된다)는 고정관념에 휩싸이지 말아야 한다. 엄마가 이해할 수 없는 아이의 행동에 관여하면 아들이 어릴 때는 그렇다 쳐도 점점 크면서 모자 관계가 악화될 수도 있다. '내 아들이라도 내가 어떻게 할 수 없는 부분이 있다'라는 점을 감안해두자.

✱ 이성인 아이에게는 엄마가 이해할 수 없는 다른 세계가 있다.

✱ 관여할 수 없는 부분을 이해하려고 하지 않아도 된다. 또 이해하지 못한다고 괴로워할 필요도 없다.

남자아이를 이해하려고 하지 않기

앞에서 언급한 내용과 이어지지만 남자아이를 이해하려고 하지 않는다는 이 마음가짐은 남자아이를 키울 때 아주 중요하다.

엄마는 아이의 모든 것을 이해해주고 싶어 한다. 아이가 건강하게 자라는 것이 가장 중요하며 안전하고 안심할 수 있는 환경을 만들어주고 싶다. 그러나 남자아이는 완전히 다른 생물이다. 남자는 남자만의 세계가 있다. 엉뚱하고 위험한 행동을 좋아하고 쓸데없는 일을 계속하는 것을 좋아하며 사람들에게 치이면서 커뮤니케이션하는 것을 좋아한다. 엄마는 이해할 수 없는 세계이다. 하지만 실은 남자아이도 엄마에게 보이고 싶지 않은 모습이 있다. 나도 엄마 앞에서는 전형적인 모범생이었다. 어느 날 엄마가 "네가 학교에서 다른 아이들을 웃긴다고 들었는데, 정말이니?"라고 물은 적이 있다. 엄마 앞에서 마냥 착했던 모습과 딴판이어서 엄마는 놀라워했다. 즉, 남자아이가 엄마 앞에서 보여주는 모습이 전부는 아니다. 눈에 보이는 모습이 전부라고 생각하고 그 이외에 엄마가 이해할 수 없는 모습은 배제하면서 아이를 키우면 결국 아이는 비뚤게 자란다. 아이를 키울 때 균형을 잡기란 어렵지만 아이가 엄마의 과잉보호 속에서 안전하게만 자란다면 그 아이는 남자의 엉뚱하고 유쾌한 세계를 경험하지 못하고 어른이 된다.

중학생이 되어도 아무렇지 않게 엄마와 목욕탕에 가는 남자아이가 있다고 들었다. 귀여운 아들과 사랑하는 엄마, 둘만의 세계에서는 그것이 자연스러운 일일지도 모른다. 그러나 잘 생각해보자. 엄마 자신이 중학생이었을 때 같은 반 남자아이가 자기 엄마와 함께 목욕탕에 들어간다는 말을 들었다면? 아마 눈살을 찌푸렸을 것이다. 남자아이가 엄마를 지켜주고 엄마도 아이를 계속 챙겨준다면 집 안에서는 편하겠지만 그 아이가 사회에 나갔을 때 곧바로 풍파에 시달릴 것이다. 전부 이해해주고 싶다는 엄마의 애정이 아이를 과잉보호하는 결과로 이어진다. 그렇게 되지 않으려면 주위의 육아 경험자로부터 충고를 잘 들어야 한다. 둘째 아이는 아들이든 딸이든 무던하게 자라기 때문에 아이가 둘 이상인 엄마의 육아 방식은 참고가 된다. 또 "아들한테 너무 집착하지 마"라는 아빠의 의견도 도움이 된다. 아들밖에 보이지 않는 상태가 되지 않도록 주위의 조언을 잘 새겨듣자.

* 남자아이는 다른 생물이며 이해할 수 없는 존재이다.
* 남자아이를 이해하려고 애쓰다 보면 엄마는 아들을 과잉보호하게 될 수도 있다.
* 남자아이는 남자들의 독특한 세계를 경험하고 성장할 수 있게 해주어야 한다.

아이에게 집착하지 않기

특히 아들을 둔 엄마에게 말하지만 아이에게 집착하지 말아야 한다.

엄마 입장에서 보면 남자아이는 이해할 수 없는 행동을 한다. '왜 저런 곳에서 빙글빙글 돌지?(사실은 귀여워 죽겠다!)' '몇 번이나 말해도 못 알아듣네. 내가 없으면 안 되겠어(웃으면서 생각 중).' 태어났을 때부터 한시도 아이의 곁을 떠난 적이 없으며, 아기 때 몸무게 100그램 차이로 울고 웃었던 엄마이기에 아이가 세상의 전부인 기분은 이해할 수 있다. 정말 소중하게 키우고 싶을 것이다.

그러나 그 애정이 집착이 되어서는 안 된다. 아이를 걱정하는 마음은 알겠지만 언제까지나 엄마가 아이를 지켜주면 그 아이는 어른이 되지 못한 채 이 험난한 사회에서 버티지 못한다. 결과적으로 가장 괴로운 사람은 아이 본인이다.

초등학교 3학년인 A 군은 교실에서 매우 조용한 성격이었다. 알고 있어도 손을 드는 일이 없고 다른 아이에게도 거의 말을 걸지 않았다.

그런데 여름학교에 가서 성격이 많이 변했다. 거기에서는 1, 2학년 동생들과 함께 먹고 잤다. "옷걸이가 닿지 않아", "가방이 잠기지 않아"라고 부탁하는 동생들에게 의지가 되었던 A 군. "고마워"라는 말을 들으며 자신감을 얻었다. 그러면서 먼저 "도와줄까?"라고 말하게 되었다. 나흘 후, 집으로 돌아올 무렵에는 많은 동생이 A 군을 따랐다.

그 후, 하나마루 학습회 교실에서 공간 인식력을 훈련하는 블록 문제를 푸는데 잘 모르는 1학년 아이가 있었다. A 군은 자리에서 일어나 도와주러 가는 모습도 보였다.

그런 A 군의 변화에 가장 놀란 사람은 엄마였다. 그 엄마는 처음에 여름학교에 아이 혼자 보내는 것을 불안해했다. 그러나 "사랑하는 자식에게는 여행을 시키라면서요?" 하며 신청을 했다. 엄마의 용기 있는 결단이 A 군을 성장시킨 사례였다.

아이에 대한 엄마의 애정은 원래 집착에 가깝다. 절대적이고 맹목적이다. 그러므로 누군가가 옆에서 엄마에게 가르쳐주어야 한다. "아이를 과잉보호하는 거 아니야?", "슬슬 손을 뗄 때도 됐지 않아?" 등 객관적으로 바라본 입장에서 말하는 의견을 귀담아들어야 한다. 아빠가 그 조언자 역할을 맡아도 좋고 육아 대선배인 친정 엄마나 근처에 사는 선배 엄마를 의지해도 좋다. 엄마는 아이를 정말 사랑한다. 하지만 예쁘다고 무조건 보호하면 안 된다는 점을 기억해두자.

✱ 아이를 소중히 여기는 마음이 맹목적인 집착이 되지 않도록 주의한다.

✱ 사회에 나갔을 때 홀로 설 수 있는 어른이 되기 위해 때로는 엄마가 아이에게서 손을 떼야 한다.

육아에서 가장 중요한 것만 남기는 힘

하지 않는 육아

초판 1쇄 발행 2017년 12월 18일
지은이 다카하마 마사노부 | **옮긴이** 김경은

펴낸이 민혜영 | **펴낸곳** 카시오페아
주소 서울시 마포구 월드컵북로 42다길 21(상암동) 1층
전화 02-303-5580 | **팩스** 02-2179-8768
홈페이지 www.cassiopeiabook.com | **전자우편** editor@cassiopeiabook.com
출판등록 2012년 12월 27일 제385-2012-000069호
외주편집 박문숙 | **디자인** 별을 잡는 그물

ISBN 979-11-88674-02-2 03590
이 도서의 국립중앙도서관 출판시도서목록 CIP은 서지정보유통지원시스템 홈페이지 http://seoji.nl.go.kr와
국가자료공동목록시스템 http://www.nl.go.kr/kolisnet에서 이용하실 수 있습니다.
CIP제어번호: CIP2017032375

• 잘못된 책은 구입한 곳에서 바꾸어 드립니다.
• 책값은 뒤표지에 있습니다.